U0162796

向海之旅

March
To
The Sea

——重返海洋的爬行动物
Reptiles Adapting
To Marine Habitats

深圳博物馆　编

文物出版社

图书在版编目（ＣＩＰ）数据

向海之旅：重返海洋的爬行动物 / 深圳博物馆编
. -- 北京：文物出版社，2023.8
ISBN 978-7-5010-8162-2

Ⅰ.①向… Ⅱ.①深… Ⅲ.①爬行纲－动物化石－中
国－图录 Ⅳ.①Q915.2-64

中国国家版本馆CIP数据核字(2023)第149224号

向海之旅——重返海洋的爬行动物

编　　者：深圳博物馆

责任编辑：王　伟

责任印制：张道奇

出版发行：文物出版社

社　　址：北京市东城区东直门内北小街 2 号楼

邮　　编：100007

网　　址：http://www.wenwu.com

经　　销：新华书店

印　　刷：雅昌文化（集团）有限公司

开　　本：889mm × 1194mm　1/16

印　　张：8.125

版　　次：2023 年 8 月第 1 版

印　　次：2023 年 8 月第 1 次印刷

书　　号：ISBN 978-7-5010-8162-2

定　　价：198.00 元

馆长致辞

生命诞生于海洋，在最初几十亿年漫长的演化时光里，地球生命都生活在海洋。脊椎动物从鱼类、两栖类到爬行类，经历了从水生到陆生的演化过程。爬行动物是首先完全脱离了对水的依赖，成为陆地上生活的脊椎动物。然而在 2.5 亿年前一场生物大灭绝之后，当时陆地上生存竞争非常残酷，一些爬行动物另辟蹊径返回海洋，重新适应水生生活，它们各自演化出不同的生存技能来装备自己，从而统治着中生代的海洋。

中生代海洋爬行动物化石的发现和研究可以追溯到 18 世纪。史前海洋中的爬行动物与现代的大不相同，不仅种类很丰富，而且体形巨大，形状怪异。西方早期博物学家最初发现这些怪异化石的时候将其称为"海怪"（sea monster），并做出各种古怪的复原，强烈激发了公众的好奇心。自古以来，人们对未知世界充满着好奇和疑问，如：究竟是哪一类爬行动物率先进入海洋？不同类群的爬行动物是如何在海洋中生活的？史前海洋爬行动物为什么成为地质历史上的匆匆过客？生活在现代海洋中的爬行动物跟史前海洋爬行动物有何关联？探索这些问题的奥秘，也是古生物研究者孜孜不倦的追求，并在这次两院馆合作的"向海之旅——重返海洋的爬行动物"特展中得以呈现与解码。

本展览以"重返海洋的爬行动物"为主题，系统展出了生活在中生代海洋的鳍龙类、鱼龙类、海龙类、湖北鳄类和海生原龙类等化石，以及现生的海龟、海蛇、海鳄标本。其中，不少精美化石系首次展出，如近 7 米长的关岭鱼龙化石，带胚胎的黔鱼龙、混鱼龙、贵州龙化石，以及康氏雕甲龟龙、东方豆齿龙、双列齿凹棘龙等化石，均具有重要科研和展示价值。通过栩栩如生的动物复原，详细介绍了各个类群海洋爬行动物的形态特征，以及它们的运动和捕食等生存方式，再辅以先进的 AR 技术互动体验和多人互动问答项目，循环播放原创科普电影《三叠纪海怪》，满足观众对史前海洋爬行动物的好奇心和探究欲。

这次展览也是两院馆贯彻新时代文物工作方针，盘活馆藏资源，让藏品"活"起来的成功案例。借此机会，向为本次展览顺利举办付出辛劳的部门和员工表示由衷感谢！

严洪明

浙江自然博物院院长

馆长致辞

　　生命，在时间维度里呈现出不断延展和转瞬即逝两种形态，生老病死，循环往复，踽踽独行。"物竞天择"，生物与环境、生物之间、生物本体协同发展又互为干扰，从而生物的适应机制触动演化机制。这是生物学基本命题，也是人类对未来旅程探索的核心命题。

　　广袤大海拥有丰富的生态位同时也存在严苛生存环境。古老的生命在生存压力驱动下奔赴海洋，向海而生的旅程淋漓尽致地展现着生命的顽强、适应、变化、智慧、脆弱……生物需要解决的终极问题只有两个：生存与繁衍。个体如何在复杂环境和食物链系统中存活，完成生殖繁衍后代，从而保证种族的存活，中生代海爬完整地诠释了这一过程。

　　在展览策划时，我们得到浙江自然博物院鼎力支持，挑选了完整中生代及现代海爬序列，展品间逻辑关系清晰，不乏多个首次出馆展出的珍贵化石和模式标本，冀期能完整展现海爬的演化历史。在内容策划上，我们将阐释重点放在爬行动物从陆地环境到海洋环境变化过程中生物性状的演变，由此突破生物分类的框架，很好地解决了演化亲缘缺失问题，使得展览可以拓展视角，从趋同演化角度对比不同时空下同一性状产生的原因。这种选择是基于深圳博物馆历年自然演化通史系列展已经对达尔文进化理论、演化树和演化里程碑事件进行完整介绍。类似断代史的海爬展览更聚焦于"适者生存"。

多年来，深圳博物馆坚持策划推出演化主题展览，旨在青少年心中种下一粒种子：对大自然的敬畏、对自然科学的好奇、对自然学科的热爱。我们希望孩子们不仅仅对恐龙欢呼雀跃，更可以认识到古老生命的繁盛与强大；希望学生们不局限于书本知识，可以近距离直面自然；希望青少年不沉溺于繁杂信息空间，可以在博物馆社交空间中寻找自己的道路，培养终身学习习惯。

"穷山候至阳气生，百物如与时节争。"一年复一年，这些爬行动物向海之旅的故事依然在地球某一角落正在发生。

杜鹃

深圳博物馆副馆长

目 录

前　言

　　海洋是孕育地球生命的摇篮，人类从诞生之日起，就开始了对海洋的探索。38亿年前在海洋中诞生了地球上最早的生命，在大约5.4亿年前的寒武纪早期，海洋中的生物出现爆发性增长，几乎所有现代生物门类的祖先都可以在那时的海洋中找到，包括人类最古老的远祖——鱼类。3亿多年前，鱼类中的一支——四足动物，登上了陆地，开始用肺呼吸，并用四足取代了鱼鳍。然而就在登陆后不久，部分陆生爬行动物却又义无反顾重新返回水中生活。它们为什么要重返海洋，又是如何适应海洋环境的？现代海洋中还能看到它们的身影吗？接下来我们可以带着这些疑问一起去书中完成这次奇妙的探索之旅。

一　化石与地层

化石是指生活在过去的生物死亡后，其遗体或生活遗迹经过特殊的地质作用而形成的石头。在漫长的岁月中，这些生物体中的有机质分解殆尽，但坚硬部分如外壳、骨骼、枝叶等与包围在外的沉积物一起经过石化作用慢慢变成了化石，生物体的原始形态和结构在化石中依然被保留。

并不是所有的生物体死亡后都能形成化石。绝大多数存在过的动植物都已经消失得无影无踪，没有留下化石记录，只有极少量生物的骨骼和硬体被埋藏在特定封闭环境中才能保存下来变成化石。因此大多数化石都发现于淡水或海洋沉积物中，在那种环境下，生物死后常会立即被泥沙掩埋而与氧气隔绝，更有机会被保存为化石。

今天，我们通过化石可以看到史前动植物的样子，从而推断它们当时的生存情况和环境，以及埋藏化石地层的形成年代和经历的变化，看到生物从古到今的演变过程，了解地球的海陆变迁、大陆漂移等，研究化石还可以帮助我们寻找矿产。

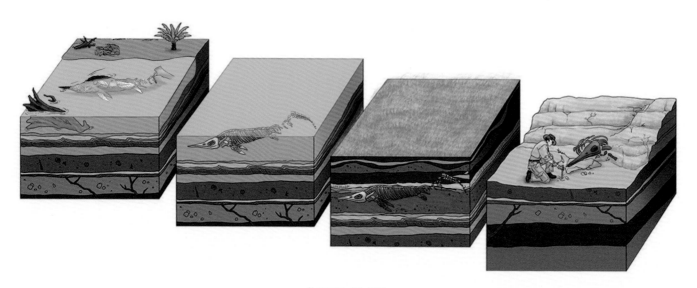

化石形成过程
1. 死亡；2. 快速掩埋；3. 石化（矿化）作用；4. 受侵蚀露出地表

一个生物体死亡后，它可能被沉积物掩埋，也可能被分解、被破碎或被水流冲刷再暴露。只有在生物死亡后能有防止其腐烂的条件，如遗体与水和空气隔绝，生物硬体被矿物质填充，有机体才有可能保存为化石。因此只有在第一种情况下，生物体才有可能形成化石。

生物体被沉积物快速掩埋后，可能会发生石化（矿化）作用。石化过程中发生的岩石压实和复杂的化学作用，也会将可能形成的化石溶解。如果岩石已经固化，则可能形成铸型，渗入其中的矿物溶液将填充铸型成为化石。有的生物体成为沉积岩的一部分，未被矿化，随着深度、温度、时间和压力的变化，沉积岩会发生变质，之后岩石褶皱、地壳上升并遭到侵蚀，化石便暴露地表。

（二）化石分类

按照保存特点，化石主要可分为实体化石、模铸化石、遗迹化石及化学化石等几种类型。

实体化石：生物遗体本身保存而成的化石。

模铸化石：生物遗体在地层、围岩中留下的印模或复铸物，被称为模铸化石。

遗迹化石：生物生活遗留的痕迹或遗物所保存成为的化石。痕迹主要指足迹、移迹、潜穴、钻孔等；遗物主要指粪、蛋、胃石等。

化学化石：保存在地层中的由生物体分解而形成的氨基酸、脂肪酸等各种有机物被称为化学化石。这些物质看不见、摸不着，但是却具有一定的化学分子结构，可以证明过去生物的存在。

实体化石示例

模铸化石示例

遗迹化石示例

寻找化石的过程是非常诱人的，化石的发现通常可以给人带来巨大的兴奋感和成就感，那么一般在哪里可以找到化石呢？按岩性来看，多数沉积岩，如泥岩、页岩、石灰岩出露的地区能采集到化石；按地点来看，煤矿、采石场、公路两旁、海岸及野外自然露头处也常剥露出大量化石，这些都是理想的化石采集地点。在进行野外工作前，最好先查阅地质图，了解当地的地层发育情况，这样可以帮助我们更好的找到化石点。

古生物学是业余爱好者也能作出重要贡献的学科之一，很多的化石标本或化石群都是由业余爱好者首先发现并提供线索给博物馆或高校、科研单位。一位化石爱好者通过发现、收集化石，也许能对生命演化的历程作出重要贡献，这是任何其它科学学科都不能与之相比的。

野外化石点

具有一定层位或形成时间的一层（或一组）岩石被称为地层。地层形成后，在未经显著构造变动或位移的情况下，老的岩层在下，新的岩层覆盖其上。不同地层中堆积物的性质和组织结构不尽相同，从中可以看出不同地质年代的自然地理状态，因此，地层是记录地球发展状况的历史书，自然界以不同的岩层和所含的生物化石向人们讲述着地球的历史。

平时，我们会用年、月、日等单位来表示时间，但地球已经有46亿年的历史，显然不适合用现在的记时方式。那么在谈论过去的时间时，我们如何表达不同的时间跨度呢？这就不得不提到地质纪年，地质学家划分出了宙、代、纪、世、期这五级来表达地质年代的时间，地质纪年一般以百万年为单位。那些看不到或者难以见到生物的时代被称为隐生宙（约46亿至5.4亿年前），可以看到一定量生命的时候被称为显生宙（约5.4亿年前至今）。"宙"以下又被划分为几个"代"，如太古代、元古代、古生代、中生代、新生代。"代"以下的划分单元为"纪"，如中生代被分为三叠纪、侏罗纪和白垩纪这三个纪。本书所介绍的海洋爬行动物化石所处的时代主要就是显生宙——中生代——三叠纪。"纪"下面还有"世"和"期"两个分级单位。

地质年代与地层存在着一一对应关系，比如，在三叠纪这段时间里形成的地层被称为三叠系，形成三叠系地层所占的时间就被称为三叠纪。

地质年代与生物发展阶段对照表

代 Era	纪 Period	世 Epoch	距今大约年代（百万年）Million Years ago	主要生物演化 Evolution of Major Life-forms
Phanerozoic 显生宙	新生代 Cenozoic	第四纪 Quaternary	全新世 Holocene	现代 Present	人类时代 Age of Man　现代植物 Modern Plants
			更新世 Pleistocene		
		新近纪 Neogene	上新世 Pliocene	2.58	哺乳动物 Mammals
			中新世 Miocene	23	被子植物 Angiosperms
		古近纪 Paleogene	渐新世 Oligocene		
			始新世 Eocene		
			古新世 Palaeocene		
	中生代 Mesozoic	白垩纪 Cretaceous	晚 Late	66	爬行动物 Reptiles
			早 Early		裸子植物 Gymnosperms
		侏罗纪 Jurassic	晚 Late	145	
			中 Middle		
			早 Early		
		三叠纪 Triassic	晚 Late	200	
			中 Middle		
			早 Early		
	古生代 Paleozoic	二叠纪 Permian	晚 Late	252	两栖动物 Amphibians
			中 Middle		蕨类 Pteridophytes
			早 Early		
		石炭纪 Carboniferous	晚 Late	300	
			早 Early		
		泥盆纪 Devonian	晚 Late	360	
			中 Middle		鱼 Fishes
			早 Early	420	
		志留纪 Silurian	晚 Late		
			中 Middle		
			早 Early	445	裸蕨 Psilophytes
		奥陶纪 Ordovician	晚 Late		
			中 Middle		
			早 Early	485	
		寒武纪 Cambrian	晚 Late		无脊椎动物 Invertebrates
			中 Middle		
			早 Early	540	
Cryptozoic 隐生宙	元古代 Proterozoic			2500	古老的菌藻类 Primitive Fungi and Algae
	太古代 Archaeozoic			4600	

二　爬行动物的演化

地球上生存着数以百万计的动物，它们千奇百怪，纷繁复杂。科学家为它们建立了一套相对简单的分类系统用于研究工作和日常交流：界、门、纲、目、科、属、种。例如我们所熟知的国宝大熊猫，其正规的分类和名称是：动物界、脊索动物门、哺乳纲、食肉目、熊科、大熊猫属、大熊猫。常见的分类体系中，"种"是最小的分类阶元，比"种"大的分类阶元是"属"，每个"属"里至少有一个种，向上依次类推。本书所介绍的鳍龙类、鱼龙类等生物均属于爬行动物纲。

爬行动物最早出现于距今3亿多年前的晚石炭世。因为有了硬质的壳和防止水份挥发的羊膜，爬行动物完全摆脱了对外界水体的依赖，迅速发展壮大，成为中生代的霸主。根据颞（niè）孔（也称颞窝，是容纳颌部肌肉的凹孔，颞孔越大，代表该动物的咬合力越强）的数量和位置，爬行动物可以分为三大类：无孔类（如大鼻龙）、下孔类（盘龙类、兽孔类等似哺乳爬行动物）和双孔类（如已经灭绝的恐龙、翼龙、蛇颈龙，以及现存的龟鳖类、鳄类等）。

中生代有很多爬行动物在登上陆地后又重新返回水域，生活在海洋中，如同现代的海龟和海蛇。它们大多体形巨大，形态怪异，被早期的博物学家称为"海怪"。海生爬行动物能在咸水环

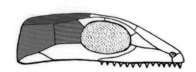
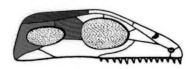

■ 顶骨　■ 眶后骨　■ 鳞骨

爬行动物的分类

从陆地进入海洋的脊椎动物
三叠纪的鱼龙（上图）、白垩纪的海生蜥蜴（中图）
和始新世的鲸（下图）

（图片来源于《畅游在两亿年前的海洋》一书，李锦玲、金帆等著）

境中生长、觅食，不经常进入淡水环 名鼎鼎的鱼龙、海龙、沧龙、蛇颈龙等。
境，包括大

（一）从海洋到陆地

在脊椎动物诞生后的 1.7 亿年中，它们还都只能生活在水里。直到 3.7 亿年前，一群勇敢的鱼爬上陆地，开始了崭新的生活，它们也由此改名为"四足动物"。

早期的四足动物虽然已经登上陆地，但其受精卵没有真正的卵壳很容易脱水风干，所以必须产在湿润的环境或水中才能发育成幼体。3 亿多年前，地球气候广泛地从湿润转向干燥，两栖类中的"有志者"，产下了不需在水中孵化的"羊膜卵"，使脊椎动物真正摆脱了对外界水体的依赖，成为完全的陆生动物。从此陆地上热闹起来了，四条腿的动物有的爬行，有的奔跑，有的还生出羽翼飞上天空。这一切都源自"登陆"的发生。

一只青蛙的卵（非羊膜卵）

一只鸡的卵（羊膜卵）

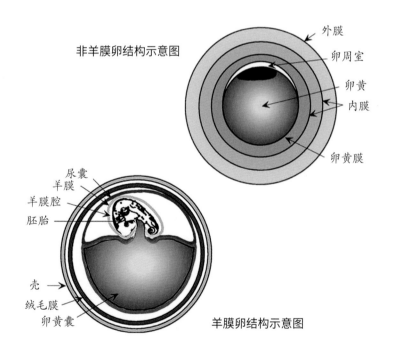

非羊膜卵结构示意图

外膜
卵周室
卵黄
内膜

卵黄膜

尿囊
羊膜
羊膜腔
胚胎

壳
绒毛膜
卵黄囊

羊膜卵结构示意图

两栖动物的卵（非羊膜卵）与爬行动物的卵（羊膜卵）对比图

当爬行类刚刚在陆地上站稳脚跟，古生代末期（约 2.52 亿年前）就发生了规模巨大的生物灭绝事件。当时地球各大陆处于"拼合"状态，气候干燥，加上大面积火山爆发等活动，气温持续升高，造成大规模海退和海洋缺氧事件，使得海洋中超过 90% 的物种走向灭绝。三叠纪早期，爬行动物开始复苏，陆地竞争激烈，但海洋中有着广阔的生态位，所以一些因突变而产生了适应海洋环境性状的陆生爬行动物开始重新探索海洋。这种探索在脊椎动物的进化史中重复发生了多次，其中三叠纪是规模最大的一次。在早三叠世到中三叠世，所有的海生爬行类群相继在海洋中亮相，在中三叠世达到辐射发展顶峰，大部分类群在晚三叠世走向衰落，只有鱼龙类和蛇颈龙类一直生存到白垩纪晚期。

当适应于陆地生活的爬行类再次回到水中生活时，它们充分利用已有的器官来适应新的环境。它们在水中仍然用肺进行呼吸，四肢演变为适于划动的桡足状运动器官。海生爬行类中的大部分成员已经无法返回陆地寻找适宜的产卵环境，它们的羊膜卵在体内孵化，直接产出幼仔，这种繁殖方式被称为"卵胎生"。

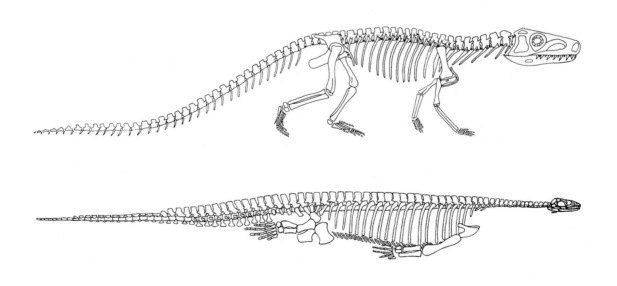

三叠纪的陆生动物派克鳄与海生动物肿肋龙骨骼比较图

（图片来源于《畅游在两亿年前的海洋》一书，李锦玲、金帆等著）

生物大灭绝

生物的灭绝与新生是演化中的自然现象，几乎每时每刻都在发生。自显生宙以来的 5.4 亿年中至少发生了 22 次生物灭绝事件，其中具有全球影响的集群灭绝主要有 5 次。距今约 2 亿年前三叠纪末期的第四次大灭绝事件导致了大量海生爬行动物的灭绝，在距今 6600 万年前白垩纪末期的第五次大灭绝事件中，海生爬行类中的其余成员也相继灭绝。中生代集群灭绝事件有力冲击了海洋和陆地生态系统，此后新生代的生物面貌发生巨大变化，哺乳动物和被子植物开始了繁荣发展。

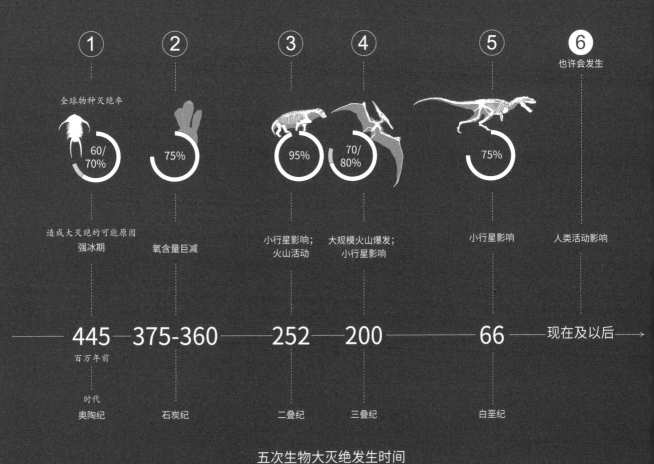

五次生物大灭绝发生时间

卵胎生

现生脊椎动物的生殖方式主要分为两类：卵生和胎生。大部分爬行动物属于前者，但也有例外，如贵州龙就是直接产出幼体，给人一种"胎生"的感觉。其实贵州龙也是产卵的（羊膜卵），只不过它们的卵不是产到体外，而是在体内孵化，孵化过程所需营养主要靠吸收卵自身的卵黄而很少依靠母体，我们称之为"卵胎生"。

中生代海生爬行动物的大部分成员都已经无法返回陆地产卵，但它们的卵也不能产在水中，因为这样无法与外界进行气体交换，并且会受到水压挤破，所以很多海生爬行动物演化出了"卵胎生"的繁殖方式，这具有优化胚胎发育环境的作用。

三 中生代海洋爬行动物家族

"海洋爬行动物"并不是一个生物学意义上的分类单元，而是科学家们对生活在海洋中的爬行动物的一种统称。在中生代时期这个"大家庭"包括鳍龙类、鱼龙类、海龙类、湖北鳄类、海生原龙类及沧龙类等，它们能在咸水环境中生长、觅食，偶尔才进入淡水环境。

返回海洋生活的爬行动物对水生生活的适应程度各有不同，在基因突变的内在驱动及自然选择的外在压力下，它们演化出不同的技能来装备自己，从而统治海洋达一亿八千万年之久。

（一）鳍龙类

鳍龙，顾名思义，其成员大多具有鳍状的四肢。它们脖子较长，头骨较窄且相对于身体的比例较小，主要包括楯齿龙类、肿肋龙类、幻龙类、纯信龙类以及蛇颈龙类等几大类型。鳍龙类在海洋中生活了近2亿年，是中生代最繁盛、分布最广和延续时间最长的海生爬行动物，它们中的多数成员是中生代海洋的高级捕食者。

1. 楯齿龙类

根据甲壳的有无，楯齿龙类可以划分为两大支系：楯齿龙亚目和豆齿龙亚目，其中大部分种类都属于有甲壳的豆齿龙亚目。虽然外形与其他鳍龙类群有较大差异，但根据其骨骼特征，它们还是被归入鳍龙类。楯齿龙类化石稀少，主要分布于欧洲、北非和中东，以及中国贵州一带，它们外形奇特，身体宽且扁平，颈短，大多（尤其是豆齿龙亚目成员）身披骨板，与龟类的甲壳功能相似，可以抵御捕食者的攻击。

运动： 楯齿龙类身体扁平，四肢强壮，尚未特化，没有明显适应水生生活的特征，推测它们不是快速游泳的动物，只能在浅海环境中用四足划动，推动身体缓慢前行。

捕食： 牙齿在动物的生命历程中起着至关重要的作用，是它们咀嚼、猎食和搏斗的主要工具。楯齿龙类的牙齿就非常特别，不似其他鳍龙类的圆锥状，大部分楯齿龙类拥有扁平椭圆状牙齿，形似小磨盘，可以轻而易举压碎坚实的物体，取食贝类及其它有甲壳的无脊椎动物。另外，楯齿龙类中的奇异滤齿龙牙齿更为奇特，其口中排列着数百枚梳状的纤细牙齿，主要以滤食海藻为生。这可能是世界上第一种尝试吃素的海生爬行动物。

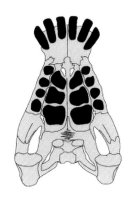

头骨

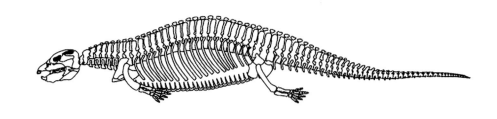

无甲壳的楯齿龙亚目

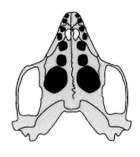

头骨

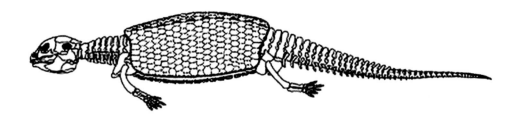

有甲壳的豆齿龙亚目

康氏雕甲龟龙（背面）

康氏雕甲龟龙（腹面）

康氏雕甲龟龙（*Glyphoderma kangi*）

　　发现于我国云贵交界地区三叠纪中期地层，属于豆齿龙亚目成员。背甲宽大，结构特别精致，由400多枚表面布满了细小放射状纹饰的小甲片组成。身体腹面没有腹甲，有一条很长的尾巴。牙齿呈扁平的豆状，四肢短粗，游泳能力并不出色，只能在近岸的浅水区捕食附着在岩石上的甲壳动物。

雕甲龟龙复原图

东方豆齿龙（*Cyamodus orientalis*）

　　豆齿龙亚目成员，发现于贵州关岭三叠纪晚期地层，距今约2.3亿年，因具有豆状牙齿而得名。背甲由大小不一的骨板拼合而成，四肢和尾部也发育少量骨板，起防御作用。东方豆齿龙是豆齿龙属唯一分布在中国，即特提斯洋东岸的物种，而该属其他物种均分布在欧洲，即特提斯洋西岸。这种不善游泳的动物在遥远的特提斯洋两岸均有分布，证明了中国和欧洲的三叠纪海生爬行动物群存在密切的交流。

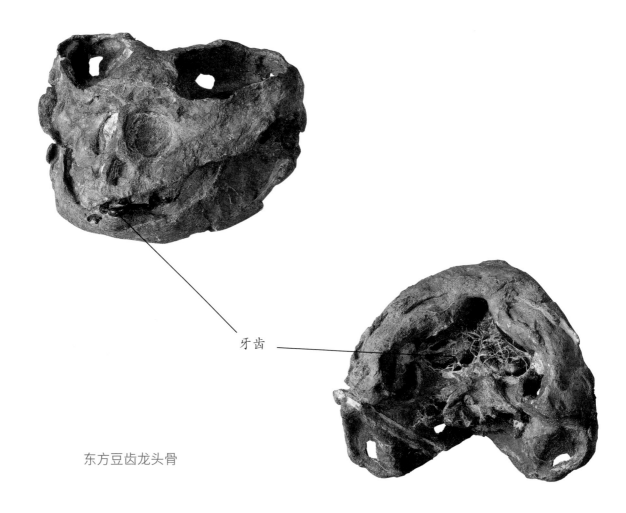

牙齿

东方豆齿龙头骨

东方豆齿龙

三叠纪时期古地理图

东方豆齿龙复原图

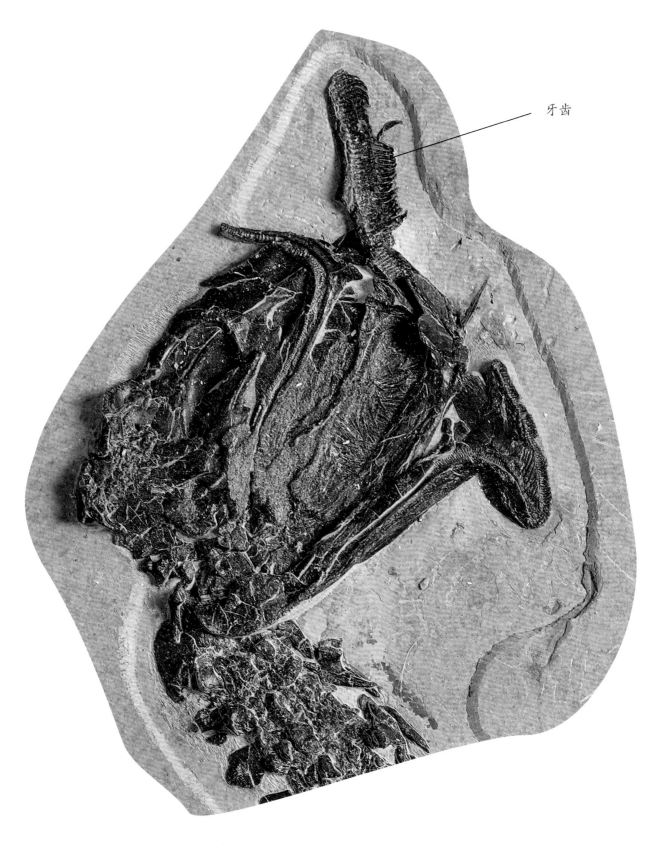

牙齿

奇异滤齿龙头骨

奇异滤齿龙（*Atopodentatus unicus*）

奇异滤齿龙是发现于云南罗平三叠纪中期地层的鳍龙类，头骨结构极为怪异，吻部横向加宽，像现生的双髻鲨一样。口中密密麻麻排列着数百枚呈梳状的牙齿，这些纤细的梳状牙，显然不适合用于撕咬。根据奇怪的宽嘴和牙齿结构，科学家认为滤齿龙在取食时，会用那钉耙一样的扁嘴刮下海藻，吸食到口中，然后用梳子状的牙齿过滤食物。这是目前已知最早的植食性海洋爬行动物。

奇异滤齿龙

奇异滤齿龙复原图

2.肿肋龙类

因肋骨肿大，得名肿肋龙类。肿肋龙类在早三叠世时起源于我国的南方地区，到了中三叠世，扩展至欧洲地区，达到演化的鼎盛阶段，成为其生活海域个体数量最多、属种最多、研究也最深入的鳍龙类。肿肋龙类身体呈蜥蜴状，体长大多小于1米，有的种类仅20~30厘米，属于小型鳍龙类。其前颌具有圆锥形尖牙，四肢带蹼，初步适应了水生生活，但游泳能力有限，只能在近岸的浅海区捕食小鱼和其他海洋生物。

运动：通过骨骼结构的分析，欧洲的肿肋龙类被认为是通过身体侧向波动的方式进行运动；而亚洲的肿肋龙类，如胡氏贵州龙，其前肢比后肢更大更强壮，被认为是依靠前肢的对称划动推动身体前进。

繁殖：最初的研究者推测肿肋龙的繁殖方式可能如同海龟一样，登上陆地后在岸上产卵。不过，后来研究人员在新发现的贵州龙肚子中发现了未出生的小宝宝，确定了它们是卵胎生，能够直接在水里产仔。

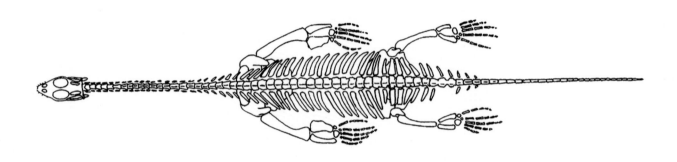

肿肋龙类骨骼结构示意图

细颌乌蒙龙（*Wumengosaurus delicatomandibularis*）　　　■1

细颌乌蒙龙是鳍龙类中最原始的成员，发现于我国云贵地区三叠纪中期地层。乌蒙龙个体比一般的肿肋龙大，体长多为1~2米，头较小，吻部伸长且尖，上下颌布满了细密、定向排列的小牙齿，数量超过65颗，生活于浅海环境，以小鱼小虾为食。

细颌乌蒙龙复原图

细颌乌蒙龙

胡氏贵州龙（*Keichousaurus hui*）　　

　　胡氏贵州龙是云贵地区三叠纪中期较为常见的小型肿肋龙类，体长多在 10~30 厘米，个别体长达 40 厘米以上，有着长长的颈部和尾部，头骨很小，眼孔大，四肢尚未成鳍状肢。带胚胎的贵州龙化石显示，贵州龙通过卵胎生的方式繁殖后代。

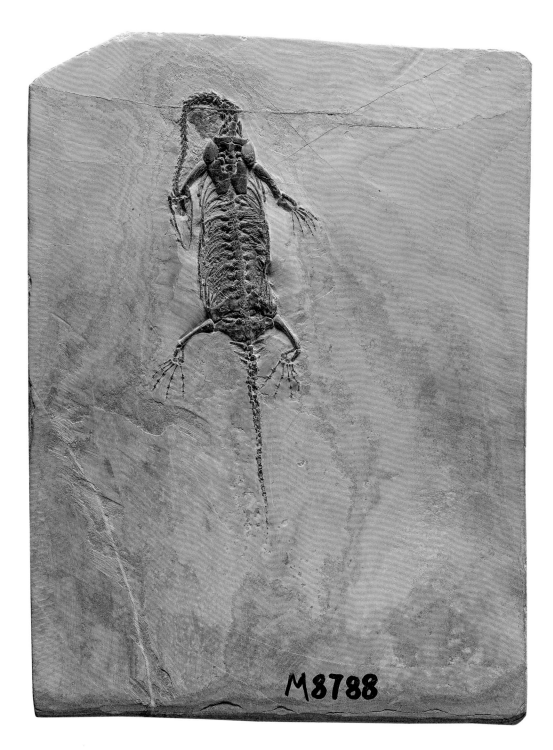

贵州龙

贵州龙复原图

贵州龙

贵州龙

3. 幻龙类

幻龙类大多出现于约 2.4 亿年前的中三叠世，在约 2.1 亿年前的晚三叠世走向灭绝，其化石多发现于欧洲、北非、西亚和中国等地。

幻龙类是三叠纪时期特提斯海域最常见的鳍龙类型，体长多为 1~3 米，最长可达 5 米，有小而扁的头骨和长长的颈部，嘴巴里长满了尖利牙齿，整体形似蛇颈龙，但它们的四肢还没有完全进化为鳍状，仍呈指爪状，指（趾）间有蹼。幻龙类已经初步适应水生生活，但还是与肿肋龙类一样只能居住在陆缘浅海区，不具有远洋生活的能力。

运动及捕食： 根据水下活动足迹的发现，研究人员认为，与大多数海生爬行类依靠身体和尾部侧摆进行前进的方式不同，幻龙类主要靠前肢制造前进的动力。它们利用前肢在泥质海底移动，搅动松软的沉积物，捕食被惊动的鱼类和虾子等猎物。

演化关系： 幻龙类和肿肋龙类有较近的亲缘关系，它们都具有细长的体型，只是幻龙的个体普遍大于肿肋龙，但它们和肿肋龙一样不具有远洋生活的能力，也许有时可以艰难爬上陆地。

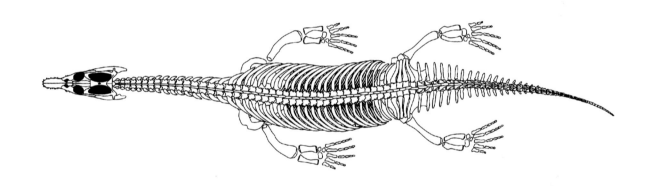

幻龙类骨骼结构示意图

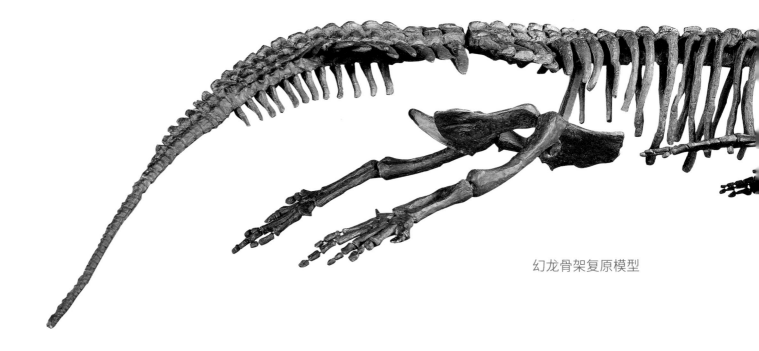

幻龙骨架复原模型

幻龙 （*Nothosaurus* sp.） 1

　　幻龙类的体型细长，多在 1~3 米，头骨小而扁平，长的颌骨边缘布满尖利的牙齿，这些牙齿大小不一，参差不齐，游泳时颈部可以左右摆动，捕食鱼类。与蛇颈龙类相比，幻龙类的尾巴比例更长，脖子更短，四肢还保留着其陆地祖先的原始形态。

幻龙复原图

幻龙

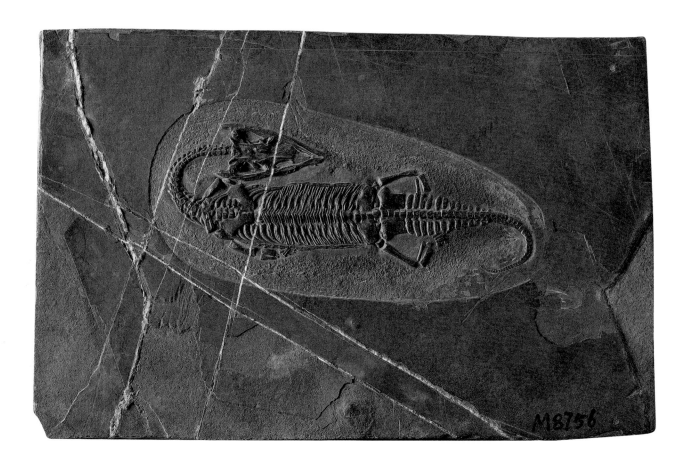

幻龙（幼体）

羊圈幻龙 （*Nothosaurus yangjuanensis*）

羊圈幻龙发现于贵州盘州的羊圈村，并因此得名，时代为中三叠世，距今约 2.4 亿年前。幻龙类是鳍龙类中的代表性物种，虽然没有蛇颈龙类的超长颈部和巨大体型，但幻龙类已经演化出了发达的颞肌和强大的咬合力，以及尖锐的獠牙，是三叠纪海洋中的高级掠食者。

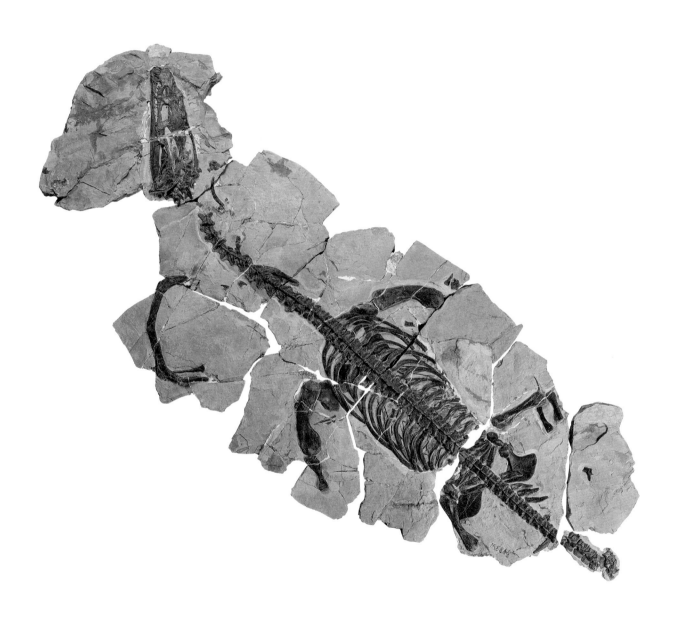

羊圈幻龙

羊圈幻龙头骨

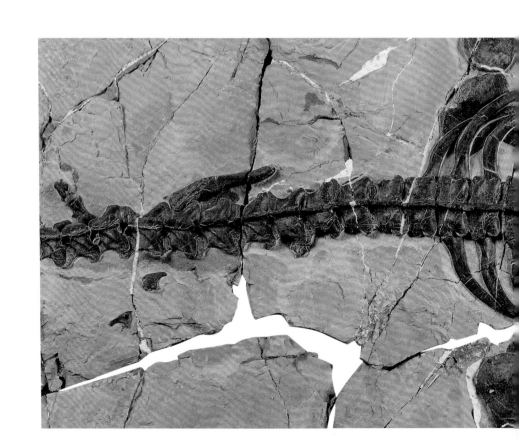

羊圈幻龙脊椎

4. 纯信龙类

纯信龙类的化石分布较为广泛，在欧洲、北美和中国的三叠纪地层均有发现。纯信龙类的四肢已初具桨状外形，而且脖子较长，与后期的蛇颈龙类很像；但是吻部细长，有向前伸出的细长牙齿，这又与早期的幻龙类相近。这体现了纯信龙类在进化中的重要位置，它们是自早期小型的鳍龙类向后期巨型的蛇颈龙类进化的中间环节。

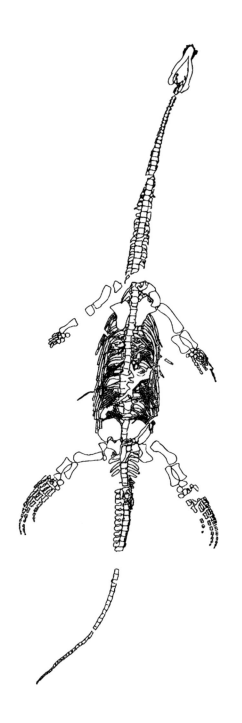

纯信龙类骨骼结构示意图

李氏云贵龙（*Yunguisaurus liae*）

　　李氏云贵龙是发现于我国云贵交界地区三叠纪中期地层的纯信龙类。纯信龙类是蛇颈龙类最近的祖先，是从幻龙类向蛇颈龙类进化过程中必不可少的中间环节。除了尾巴长一点外，纯信龙的身体结构，尤其是四肢已经近似蛇颈龙了，但游泳能力还是不如真正的蛇颈龙。

李氏云贵龙

云贵龙复原图

5. 蛇颈龙类

蛇颈龙在2亿多年前的三叠纪晚期开始出现，其脖子长，尾巴短，躯体庞大，通常能长到10米以上，四肢已经完全演化为桨状（也称鳍状）。比起它们的直系祖先纯信龙类，蛇颈龙类具有更强的游泳能力，生活空间也由近岸扩展到广海。到侏罗纪蛇颈龙已遍布世界各地，称霸海洋，在白垩纪末期与非鸟类恐龙同时期灭绝。

运动： 通过对蛇颈龙完整骨架深入的研究及数字动画模型的建立，研究人员认为，蛇颈龙的前鳍肢主要向下方和后方推进，这种模式与企鹅利用前肢拍打水面类似；而后肢更倾向于向后方水平运动或向后抬高，主要用于转向和稳定。这样蛇颈龙两对鳍肢在不同的位面运动，推动不同的水流，能产生更大推力，就像在水下飞行。这种同时运用四个鳍肢的能力赋予了蛇颈龙极大的加速度和速度，成为它们适应海洋生活长达1.6亿年的一大因素。

捕食： 最初古生物学家认为蛇颈龙的长脖子能够像蛇那样灵活弯曲，帮助其快速捕食。但随着研究的深入，科学家发现它们的颈椎骨紧密连接在一起，这导致其长脖子相当不灵活。那么这样的长脖子有什么作用呢？目前研究者主要有两种观点，一是减少惊扰猎物，当鱼类、乌贼等动物将注意力集中在蛇颈龙宽阔的身体上时，其长脖子早就将脑袋伸到鱼群之中大开杀戒；二是蛇颈龙的长脖子可能是便于翻搅泥沙寻找贝类。

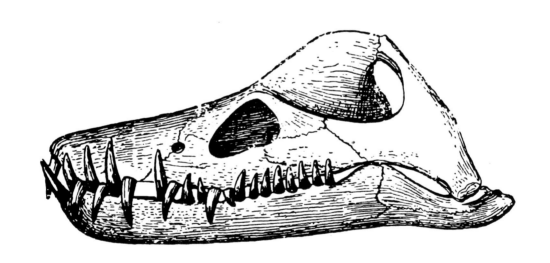

蛇颈龙头骨结构示意图

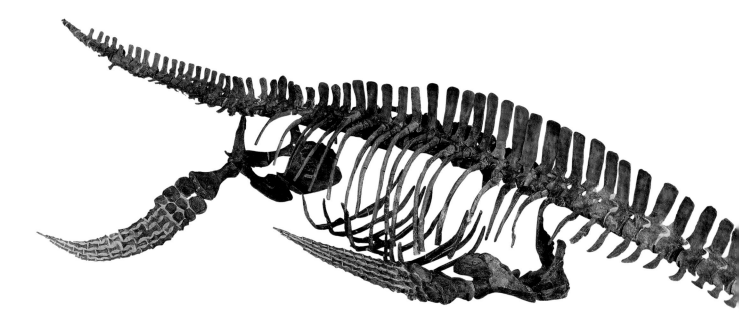

摩根南泳龙

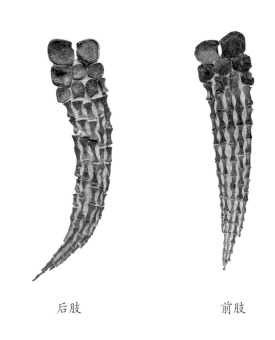

后肢　　　　　　　前肢

摩根南泳龙（*Libonectes morgani*） ▎1▎

　　摩根南泳龙属于蛇颈龙中的薄片龙科，其最显著的特征就是脖子很长，头跟身躯比起来显得很小，嘴里有很多细长的锥形牙齿。摩根南泳龙已经高度适应海洋生活，四肢就像大型船桨一样，向不同方位摆动以推动身体前进。

摩根南泳龙头骨

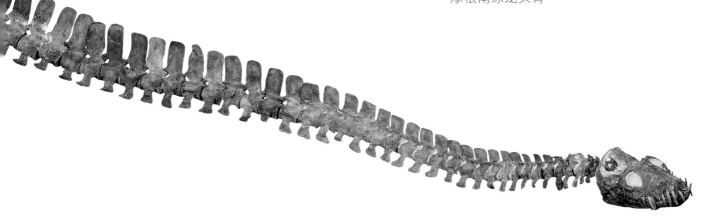

蛇颈龙类复原图

蛇颈龙都拥有长长的脖子吗？

答案是否定的。蛇颈龙是一个很大的类群，可分为蛇颈龙超科和上龙超科。蛇颈龙超科中多数为长颈成员，如中侏罗世的曲颈龙颈椎为 30 节，晚白垩世的薄板龙颈椎可达 76 节，脖子长度占身体全长的一半以上。它们一般身体宽大，四肢就像大型船桨一样。上龙超科的成员颈部则相对较短，颈椎数目也少，但头骨较大，身体十分健硕，四肢强健有力。侏罗纪海洋中著名的顶级杀手滑齿龙就属于上龙类，它们体长可超过 15 米，是鱼龙的天敌。

其实除了海洋中，中生代的陆地上也生存着很多长脖子的生物，如马门溪龙、腕龙、梁龙等。在现生动物中，我们知道长颈鹿也拥有长长的脖子，是世界现存最高的陆生动物。

为什么这些生物都会演化出长长的脖子呢？其实演化是没有方向的，只是在基因突变中突然产生了长脖子的变异，而这种变异恰好有助于这种生物的生存，那么在自然选择的作用下这种性状就会被保留下来，经过数代的遗传，这些适于环境的性状不断得到累积并加强，生物就在这个过程中不断"优化"自己，从而具备更强的生存能力。相反，不利的变异就不会被保留，但基因突变仍旧会发生。

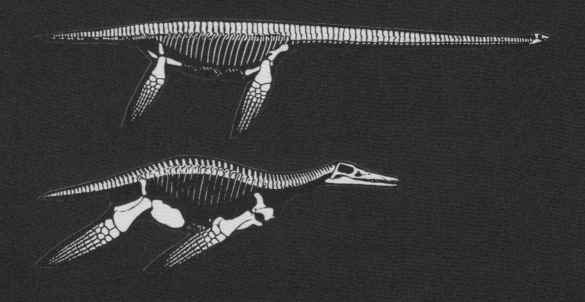

长颈的蛇颈龙超科（上图）与短颈的上龙超科（下图）

表 1　部分鳍龙类形态及习性对比

名称	体长	牙齿	四肢	运动方式	生活环境
贵州龙（肿肋龙类）	10~30 厘米	锥状尖牙	指间有蹼，还保留着陆生祖先的部分原始形态	依靠前肢的划动制造前进动力	只能在近岸浅海区活动，不具有远洋生活能力
幻龙（幻龙类）	1~3 米	锥状尖牙	指间有蹼，还保留着陆生祖先的部分原始形态	依靠前肢的划动制造前进动力	只能在近岸浅海区活动，不具有远洋生活能力
云贵龙（纯信龙类）	2~4 米	锥状尖牙	初具桨状肢的形态	依靠腹后侧冲力制造前进动力	处于从幻龙类向蛇颈龙类的过渡过程
摩根南泳龙（蛇颈龙类）	通常 10 米以上	锥状尖牙	桨状肢	依靠四肢，水下飞行	生活空间由近岸扩展到广海

在以肿肋龙—幻龙—纯信龙—蛇颈龙为代表的各个演化阶段，鳍龙类的体形逐渐趋于庞大，脖子越来越长，尾巴越来越短，四肢也从原始的五指（趾）形演变为鳍状肢，这使得后期的蛇颈龙具有强大的游泳能力，再加上"卵胎生"这样更为适应海洋环境的生殖方式，使得蛇颈龙繁盛于海洋亿万年之久。

（二）鱼龙类

鱼龙类是有史以来最为特化的海生爬行动物，它们生活于中生代海洋的各个角落，其身体外形、内部结构以及生活方式都显示了对海洋生活的高度适应。鱼龙类存在的时间很长，从2.48亿年前的三叠纪早期一直到9000多万年前的白垩纪晚期，持续了近1.6亿年。

鱼龙类的身体呈优美的流线型，头骨后部与躯干连成一体，外表看不到颈部；眼睛普遍很大，四肢已经演化为桨状的鳍，大多像鱼一样具有背鳍和尾鳍，尾鳍大，呈新月形；多数鱼龙具有长长的吻部，上面生长着许多锥状牙齿，鼻孔位置靠后，以便到水面呼吸。

运动：鱼龙是高度适应海洋生活的爬行动物，已经失去陆上运动的能力。它们纺锤型的体形可以最大限度地减小水的阻力，是对快速游泳生活方式的适应。根据其四肢及尾部形状，推测它们可以像鱼类一样凭借身躯有韵律的摆动来推动身体前进，四个桨状鳍起平衡作用，帮助定向和制动。

繁殖：科学家们曾在大鱼龙化石的体腔内发现了小鱼龙骨骼，有人认为这可能是同类相食的结果，因为成年个体捕食幼体的现象在现生爬行动物中并不鲜见。但经过对化石进一步分析，发现鱼龙肚中的小鱼龙外形十分规则且完整，不像是被吞下去的，后来又找到了正在分娩的鱼龙化石，直接证明了鱼龙为卵胎生。

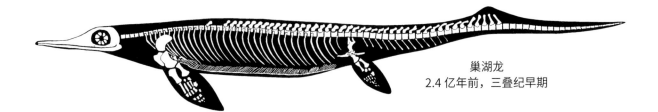

巢湖龙
2.4 亿年前，三叠纪早期

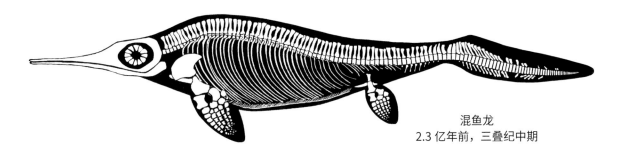

混鱼龙
2.3 亿年前，三叠纪中期

大眼鱼龙
1.6 亿年前，侏罗纪中晚期

不同时期鱼龙类身体结构对比图

龟山巢湖龙

龟山巢湖龙（*Chaohusaurus geishanensis*） 1

  龟山巢湖龙是发现于安徽巢湖地区早三叠世的小型鱼龙，长度只有1米左右。这些鱼龙家族中的小个子是较为古老的鱼龙类，身体结构和四肢还保留着其陆生祖先的形态，脊柱基本是直的，尾椎部分不像后来的鱼龙类那样愈来愈向下弯曲。巢湖龙代表了鱼龙从陆生到后期高度适应海生生活之间的一种过渡形态，游泳方式类似鳗鱼。

巢湖龙复原图

龟山巢湖龙头骨

新民龙 (*Xinminosaurus* sp.)

新民龙是发现于我国云贵交界地区三叠纪中期地层的中等大小的鱼龙类。它们虽然不是最古老的鱼龙类群，但是却保留了很多比较原始的特征，如较短的吻部以及相对保守、更近似于陆地动物的指（趾）节形态等。最为奇特的是，新民龙的口腔中前方牙齿呈圆锥状，而后方牙齿呈宽大且粗壮的豆状，可能以甲壳类为食。

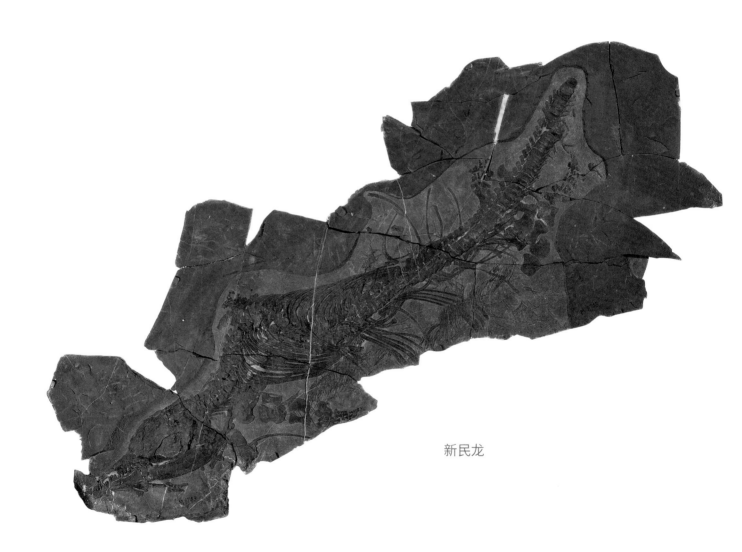

新民龙

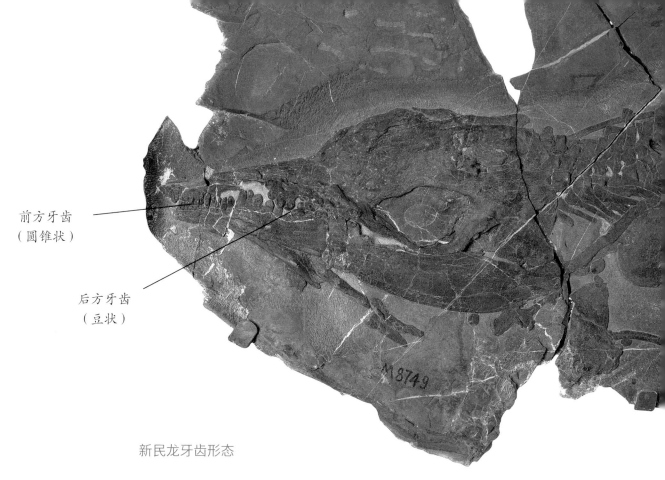

前方牙齿
（圆锥状）

后方牙齿
（豆状）

新民龙牙齿形态

新民龙复原图

盘县混鱼龙 （*Mixosaurus panxianensis*）　3

　　混鱼龙是一种相对原始的小型鱼龙类，体长1~2米。混鱼龙的意思为"混合蜥蜴"，"混合"是指这类动物在形态上介于鳗鱼外形的鱼龙类和海豚外形的鱼龙类之间。但就总体轮廓而言，这种动物已经是非常"典型"的鱼龙了，具有明显向下弯曲的尾椎，四肢呈标准的桡足状。由于体形小，四肢相对短而粗，混鱼龙游泳速度较慢，生活在浅海环境，可能代表了鱼龙类逐渐适应海洋的过程。

混鱼龙

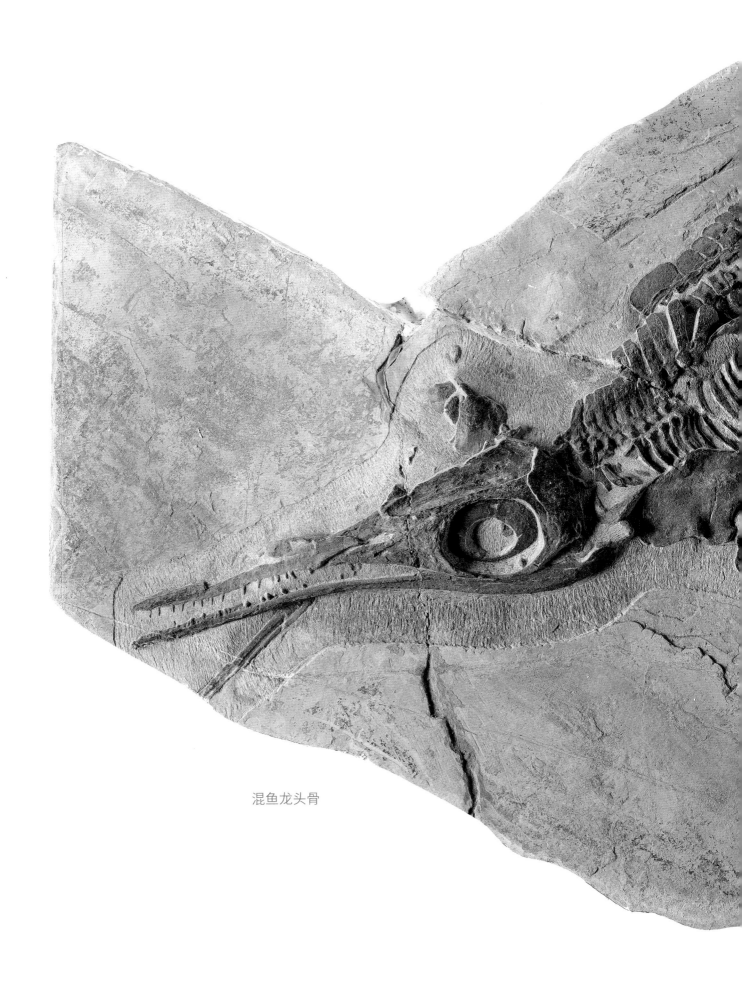

混鱼龙头骨

混鱼龙（幼体）

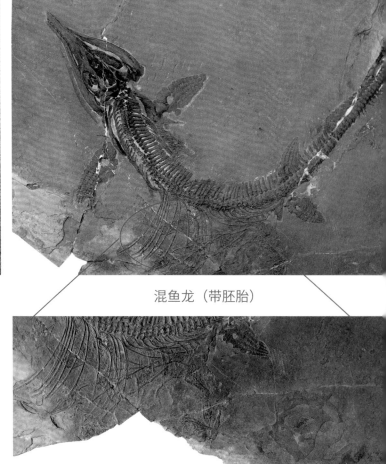

混鱼龙（带胚胎）

胚胎放大图

混鱼龙复原图

周氏黔鱼龙 （*Qianichthyosaurus zhoui*）

　　周氏黔鱼龙发现于我国云贵地区三叠纪晚期地层，化石个体数量较多，体长多在1~3米，吻部短而尖，脑颅相对较大。一般来说，三叠纪的鱼龙与侏罗纪、白垩纪的鱼龙在体形方面有明显差异：前者尾椎后部向下弯曲的角度较小，后者较大。黔鱼龙尾椎弯曲的角度恰好介于二者之间，其背部的弯曲弧度也远远大于三叠纪同期的鱼龙，表明黔鱼龙具有远洋迁徙的能力。

胚胎

周氏黔鱼龙（带胚胎）

黔鱼龙复原图

黔鱼龙胚胎

关岭鱼龙（*Guanlingsaurus* sp.）

关岭鱼龙产自中国贵州关岭地区，体长约7米，最长可达10米以上，是生活在三叠纪晚期的大型鱼龙类。具有高度特化的鳍状肢，非常适应在海中游泳，吻部较短，牙齿退化，可能采用吞食的捕食方式，以鱼类和头足类为食。

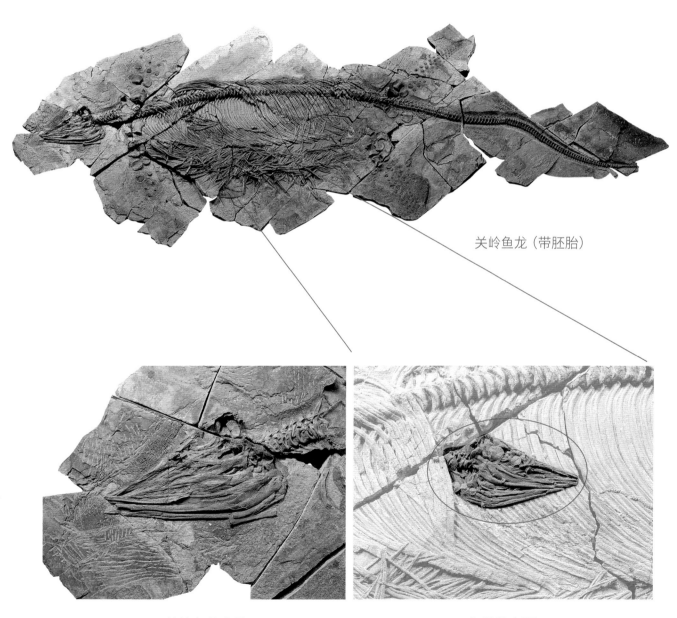

关岭鱼龙（带胚胎）

关岭鱼龙头骨   胚胎放大图

关岭鱼龙复原图

大眼睛

　　目前已知的现生脊椎动物中眼睛最大的是蓝鲸，但它们的眼睛直径也才 15 厘米，而大眼鱼龙的眼睛直径可达 30 厘米。眼睛越大，感光细胞就越多，聚光能力也越强，这对于时常潜至深层海水区的鱼龙来说也许是必须的，这使得它们在极弱的光线下也能拥有良好视觉，便于追捕猎物。

　　一般在黑暗环境中活动的动物，要么眼睛完全退化要么演化出更大的眼睛。如营穴居生活的鼹鼠，眼睛已经退化；而夜行性动物眼镜猴，它们体长只有 9~16 厘米，但眼睛直径可超过 1 厘米，这使得其在夜间也能看清食物，从而获得更大的生存优势。

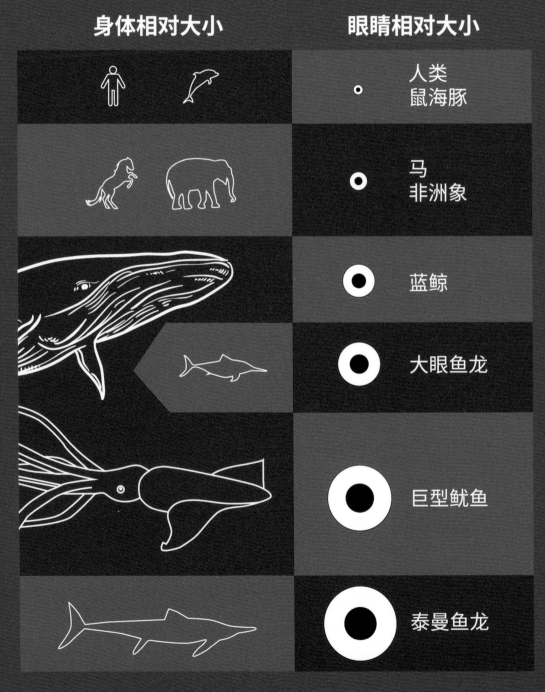

不同生物眼睛大小示意图

你能分清鱼龙和海豚吗?

在外观上，鱼龙与海豚最主要的区别在于尾巴的方向。鱼龙的尾巴呈竖直方向，在游动时，其尾巴左右摇摆推动身体前进；海豚的尾巴呈水平方向，在游动时尾巴上下拍打水面推动身体前进。

鱼龙与海豚游动方式的不同也从侧面反映出爬行动物与哺乳动物运动方式的区别。原始的四足动物其四肢和足位于身体侧方，爬行时脊柱侧向弯曲，通过对角移动四肢推动身体前进。许多半水生爬行动物都保持了它们陆生祖先这一特征，在水中通过身体的侧向波动推动前进。完全水生的爬行动物游泳方式变得更加多样，但其脊椎构造依然只能左右摇摆，因此鱼龙在游动时尾巴是左右摇摆来推动身体前进。哺乳动物与之不同，它们的脊椎较为柔软，可以上下弯曲，如猎豹在奔跑时就是脊椎上下弯曲，之后像弹簧一样把自己弹射出去，前后足交替进行奔跑。海豚属于哺乳动物，它们游动时所采取的尾巴上下拍打水面的策略与陆地哺乳动物一脉相承。

> 鱼龙属于爬行动物，海豚属于哺乳动物，二者没有亲缘关系，但是因为都生活在海洋里，所以它们的体形变得极其相似，这种现象被称为"趋同演化"。

头部
二者都拥有较长的吻部，没有鳃，都有外鼻孔，都用肺呼吸，但鱼龙类普遍拥有更大的眼睛。

脖子
都很短，从外观上几乎看不到脖子的存在。

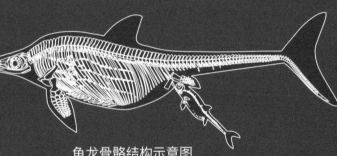

鱼龙骨骼结构示意图

背鳍
都拥有像鱼类一样的背鳍，可以平衡身体。

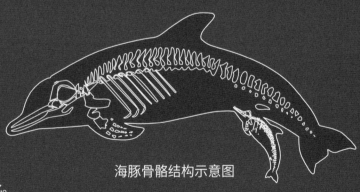

海豚骨骼结构示意图

四肢
二者均有桨状肢，海豚的后肢退化。

尾巴
鱼龙的尾巴呈竖直方向，海豚的尾巴呈水平方向。

生殖
鱼龙与海豚的繁殖表面上看都是直接生产出幼仔，但二者具有明显不同。鱼龙的产仔方式为假的胎生，称为"卵胎生"，海豚的产仔方式为真正的"胎生"。

　　湖北鳄类被认为与鱼龙类有较近的亲缘关系，目前仅发现于我国湖北省南漳县和远安县的早三叠世地层，具有很强的地方性色彩。它们有着侧扁的纺锤状体形，颌部很长，上下颌均没有牙齿，可能具有兜网式捕食习性，四肢呈鳍足状，背部发育骨板，这与目前已知的爬行动物类群都有很大差异。

　　湖北鳄类虽然属种不多，生存时间也很短，但是它们具有高度复杂化的生态特征。

　　运动：湖北鳄类的身体构造显示出这一类动物已适应水中生活，但是它们的四肢仍保留了其陆生祖先的一些特征，推测湖北鳄类具有浅海游泳及在海岸上生活的能力，但不适应远洋生活。

　　捕食：牙齿的完全缺失暗示出湖北鳄类特殊的进食方式。科学家推测南漳湖北鳄具有兜网式捕食习性（类似现代的鹈鹕），卡洛尔董氏扇桨龙具有盲感应捕食习性（类似现代的鸭嘴兽）。不同的捕食习惯，表明这些动物所处食物链层级和生活环境大不相同，这表现出湖北鳄类具有高分异度的演化特征。

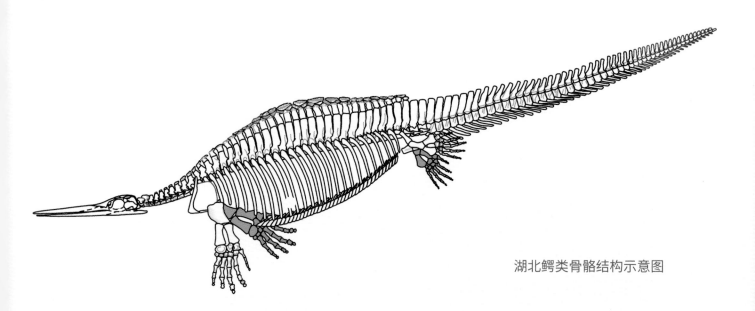

湖北鳄类骨骼结构示意图

南漳湖北鳄

南漳湖北鳄（*Hupehsuchus nanchangensis*）　1

　　湖北鳄是非常特化的海生爬行动物，它们头骨伸长，吻部长而扁平，没有牙齿。身体呈侧扁的纺锤型，脊柱上方有复杂的膜质骨板，四肢呈鳍足状，高度适应水生生活。

湖北鳄类复原图

海龙类体长多为1~4米，只生活于三叠纪时期，其化石主要产自北美西部、欧洲阿尔卑斯山一带，以及中国贵州地区，它们在某些海域中也算是当时最繁盛的爬行动物。

海龙类的头后骨骼仍保留了许多陆生四足类的特征，吻部较尖，尾部特别长，可占整个身体长度的一半以上。

运动：海龙类尾巴侧扁，在水中主要依靠尾部的侧向波动推动身体前进，四肢可能起到舵的作用来控制方向。它们的四肢形态依然适合陆地行走，推测这类动物不具有远洋生活的能力，一般在近岸浅海区活动，或许也可以在陆地上笨拙移动。

捕食：海龙类的生态分异度很大，有些种类如安顺龙、贫齿龙，其牙齿为圆锥形，比较尖锐，这种牙齿不适合压碎带壳的动物，推测它们主要依靠捕食中小型鱼类为生；还有些种类如新铺龙，其前方牙齿尖锐，后方牙齿圆钝，推测它们可以处理带壳的无脊椎动物，如菊石、双壳类等。

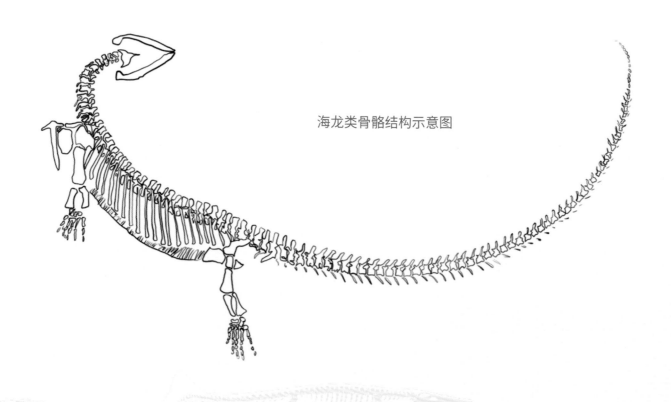

海龙类骨骼结构示意图

乌沙安顺龙（*Anshunsaurus wushaensis*）

　　已发现的乌沙安顺龙标本体长从几十厘米到 3 米以上都有，其最显著的特点是伸长的吻部，长长的脖子及尾巴，颈椎 15 节，背椎超过 23 节，尾椎超过 50 节。安顺龙头骨扁平，呈三角形，吻部长度约为头长的一半，牙齿基本为较尖锐的圆锥形，这种牙齿不适合进食带壳的动物，推测它们靠捕食中小型鱼类为生。安顺龙生活在浅海环境，身体较长，四肢虽然发达但是相对于身体较小，或许可以像现代的海豹那样在陆地上笨拙地移动身体。

乌沙安顺龙

安顺龙复原图

双列齿凹棘龙（*Concavispina biseridens*）

　　双列齿凹棘龙是发现于我国贵州三叠纪晚期地层的大型海龙类，体长可达4米以上。头部特别大，颈部很短，仅有5节颈椎，部分脊椎神经棘顶端有V形凹槽。吻部窄长，上颌骨有两列交错排列的、较钝的圆锥形牙齿，可以咬碎贝壳等硬壳动物。尾部特别长，由114节尾椎组成。凹棘龙的身体结构尤其是四肢形态，还保留着其陆地动物祖先的原始形态，并非极端适应水生生活，不具备远洋生活能力，只能生活在浅海环境中。

双列齿凹棘龙

双排牙齿

双列齿凹棘龙头骨

V 形凹槽

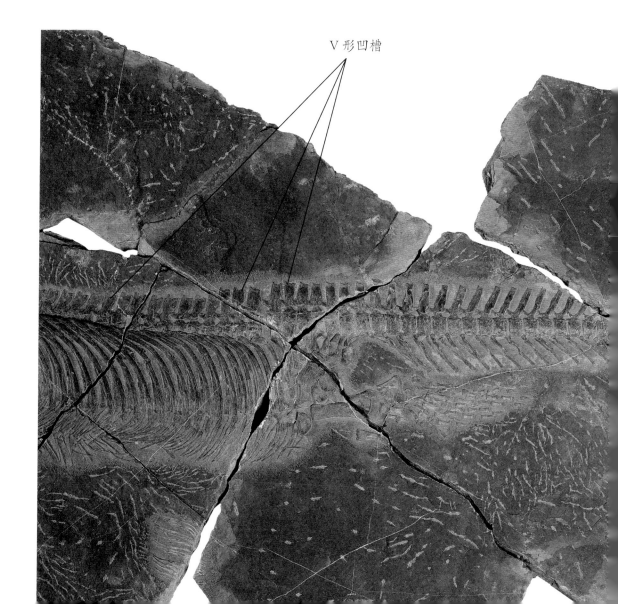

双列齿凹棘龙复原图

孙氏新铺龙

孙氏新铺龙（*Xinpusaurus suni*）　　3

　　新铺龙是发现于贵州关岭三叠纪晚期地层的小型海龙类，体长1~2米，吻部突出，前端有一处明显的"弯曲"。前面的牙齿尖锐，呈圆锥形，后面牙齿钝圆，为钮扣状。颈部短，只有大约5节颈椎，尾部长，约90节尾椎，四肢较短。新铺龙生活在滨岸的浅海环境，根据牙齿形态，推测新铺龙以带壳的无脊椎动物（如菊石、双壳类）为食。

孙氏新铺龙头骨

新铺龙复原图

（五）海生原龙类

原龙类的属种不多，以陆生类型为主，但其中一个支系走向了不同的演化方向，它们逐渐适应海洋生活，并发展出极度拉长的颈部，这一支系以长颈龙类为代表。长颈龙类堪称有史以来最为奇特的脊椎动物之一，它们整个颈部长度超过身体全长的一半，颈椎纤细并且极度拉长，具有发达的颈肋。古生物学家一直无法理解这些颈部长得不合比例的动物究竟如何生活，这个问题被称为"生物力学的噩梦"。

长脖子的秘密：中生代的海生爬行动物一般通过两种方式演化出超长的颈部。第一种方式见于蛇颈龙类，它们每节颈椎都很短，但颈椎数目非常多，最多可超过 70 节。第二种方式就见于海生原龙类，它们颈椎的数目相对很少（长颈龙约 12 节，恐头龙约 30 节），但每节颈椎和颈肋的长度都很长。这两种长颈结构迥异，但可能都是僵直的，无法灵活运动，海水浮力帮助其超长颈部得以支撑。

捕食：研究者在探讨长颈龙类的颈部功能时，曾提出过一种"吞吸"的捕食方式，即对于一条无法灵活运动的长脖子而言，利用颈部肌肉的突然收缩控制其细长的颈肋，通过食道体积的猛烈扩张而产生"吸力"，从而捕捉鱼类或乌贼等。

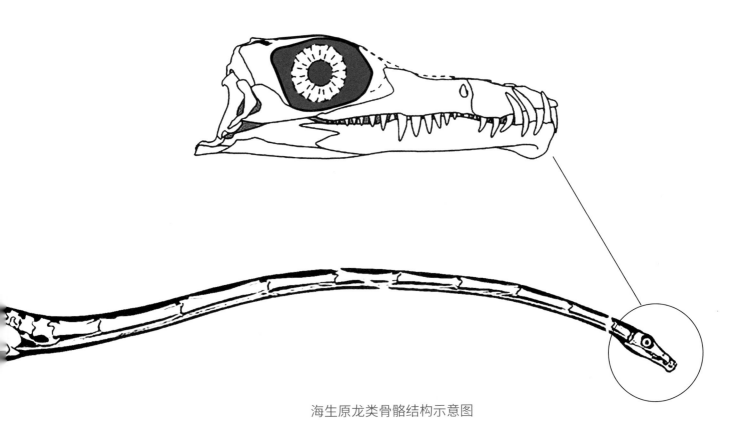

海生原龙类骨骼结构示意图

长颈龙（*Tanystropheus* sp.）

　　长颈龙在欧洲和中国的三叠纪地层均有发现。它们的颈椎数量仅有12节，但是每根颈椎都极度拉长，整个颈部长度超过身体全长的一半。具有异常发达的颈肋，一根颈肋可相当于2~3节颈椎的长度。拥有这样怪异长脖子的动物，是无法在陆地上运动的，它们的四肢结构也显示长颈龙只能在水中生活，以鱼类为食。

长颈龙

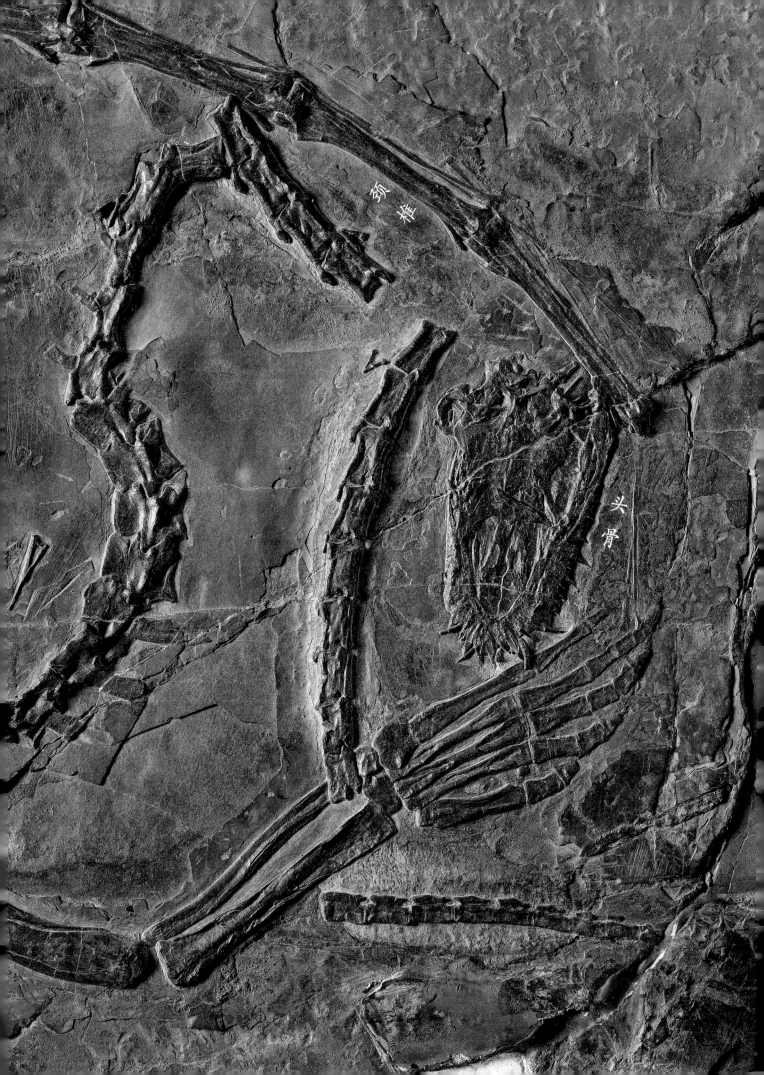

颈椎

头骨

长颈龙复原图

东方恐头龙

东方恐头龙 （*Dinocephalosaurus orientalis*） 2

　　东方恐头龙是发现于我国云贵交界地区三叠纪中期地层的原龙类。东方恐头龙这个名字的意思是"东特提斯地区具有恐怖头骨的爬行动物"。它们头部相对较小，牙齿锋利，颈部长度超过身体躯干长度，颈椎可达30节，椎体伸长，颈肋极为细长，脖子无法灵活运动。科学家认为，它们可能通过颈椎两侧细长的肋骨与肌肉的巧妙配合，以"吞吸"的方式来捕食鱼类。

东方恐头龙头骨

东方恐头龙复原图

沧龙类的外形类似长了鳍状肢的鳄鱼，行动时身体作蛇状扭曲，四肢起平衡和转向作用。沧龙类的牙齿十分锐利，双颚在咬合的同时可以产生巨大扭力而将猎物撕开，此外其口腔深处还有第二排小牙，可以帮助固定猎物，大大提高了捕食效率。

繁盛：它们与蛇颈龙类、鱼龙类同为中生代海洋的顶级掠食者，但是生存年代不同。沧龙类主要生存于距今约1亿至6600万年前的晚白垩世，它们的祖先是一种小型陆生崖蜥，这种崖蜥凭借超强的适应能力在下海后迅速崛起，在短短几百万年时间里，从90厘米的小蜥蜴，长成了体长十几米的巨大沧龙，称霸了中生代最后的海洋，也是最后一批"海怪"。

灭绝：作为中生代最后一批下海的爬行动物，沧龙类不论在演化速度还是在生态位的拓展上，都达到了惊人速度。但属于它们的巅峰期过于短暂，在6600万年前的中生代末期，地球发生了第五次生物大灭绝事件，超过80%的物种都在这次事件中灭绝，包括所有的非鸟类恐龙以及这些远古"海怪"们。

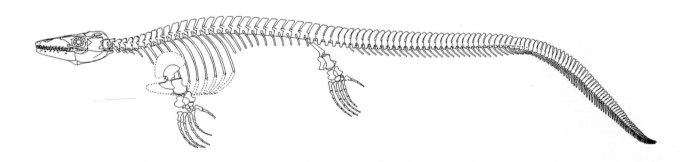

沧龙类骨骼结构示意图

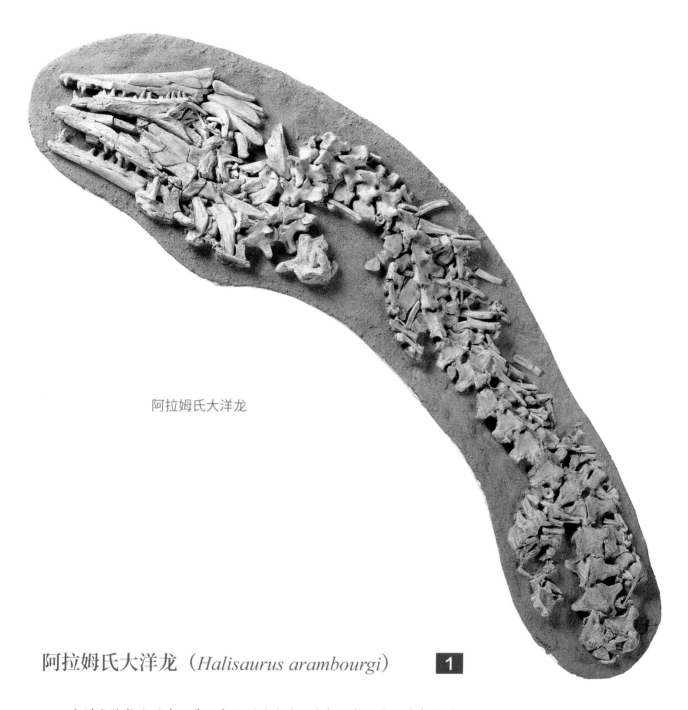

阿拉姆氏大洋龙

阿拉姆氏大洋龙（*Halisaurus arambourgi*） 1

　　大洋龙体长4~6米，属于中小型沧龙类。吻部又长又尖，牙齿锋利，四肢呈桨状，尾巴长而扁平，游泳时用尾巴左右摆动以推动身体前进。大洋龙常隐藏在海底礁石区伏击猎物，喜欢捕捉菊石、海鸟、鱼类等。它们的下颚具有极强韧带，可自如张开大口，匕首般的利齿可以轻易刺穿猎物，是白垩纪海洋的顶级杀手之一。

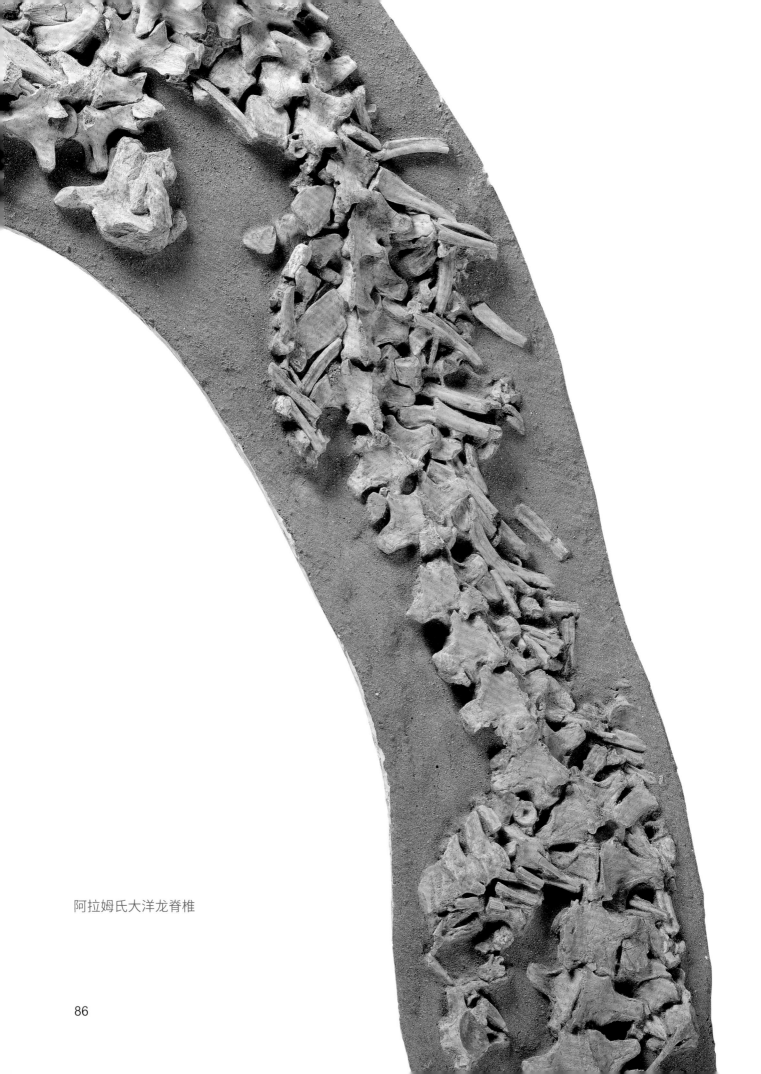

阿拉姆氏大洋龙脊椎

龙类	鱼龙类	湖北鳄类	海龙类	海生原龙类	沧龙类
晚期	白垩纪晚期	三叠纪早期	三叠纪晚期	三叠纪晚期	白垩纪晚期
非洲、中国 都有发现	欧洲、北美、南美、澳大利亚、中国	中国湖北	欧洲、北美、中国	欧洲、中东、中国	世界各地均有分布（主要在欧洲和北美）
米以上	小型鱼龙一般 1~2 米；大型鱼龙一般超过 10 米	1 米左右	一般 3 米以内	一般 3~6 米	早期沧龙 3 米左右，后期演化出大型的可达 16 米
鳍肢	桨状鳍肢	鳍足状，依然带有部分陆生祖先的特征	四肢没有因适应水生生活而改变，依然适合陆地行走	鳍足状	桨状鳍肢
动推动身 下飞行；适 生活	依靠身躯的摆动（主要是尾部）推动身体前进；适应远洋生活	依靠尾部侧向波动推动身体前进；生活于浅海区	依靠尾部侧向波动推动身体前进；可能水陆两栖，不具有远洋生活能力	通过后肢的对称划动推动身体前进；生活于近岸浅海地区	依靠身躯的摆动（主要是尾部）推动身体前进；适应远洋生活

阿拉姆氏大洋龙头骨

沧龙类复原图

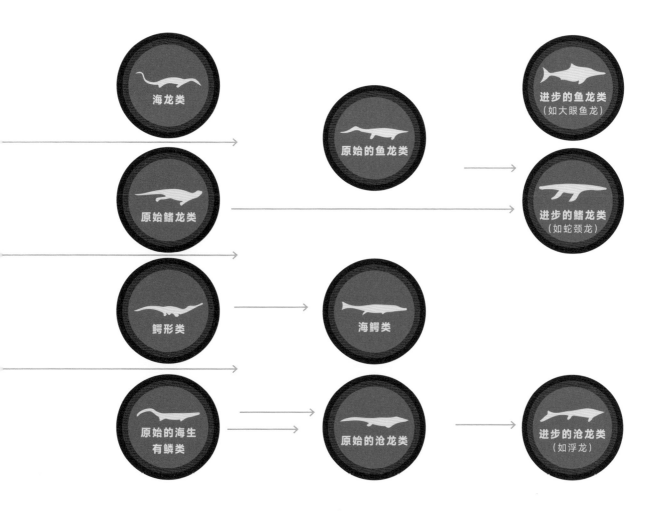

适应陆地生活的四肢。

带蹼的四肢，
部分类型已演化出鳍状肢，
游泳能力不强。

鳍状肢，流线型的躯干，
可以适应远洋生活。

海龙类

原始的鱼龙类

进步的鱼龙类
（如大眼鱼龙）

原始鳍龙类

进步的鳍龙类
（如蛇颈龙）

鳄形类

海鳄类

原始的海生
有鳞类

原始的沧龙类

进步的沧龙类
（如浮龙）

不同类型海洋爬行动物生存空间示意图

表 2　中生代海洋爬行动物习性对比

名称	楯齿龙类	肿肋龙类	幻龙类	纯信龙类	蛇颈龙
灭绝时间	三叠纪晚期	三叠纪晚期	三叠纪晚期	三叠纪晚期	白垩纪
化石产地	欧洲、北非、中东、中国	欧洲地区及中国	欧洲、北非、西亚、中国等地	欧洲、北美、中国	欧洲、北美等很多地区
体长	1 米左右	通常小于 1 米	1~3 米	2~4 米	通常 10
四肢	四肢短粗，尚未特化	指间有蹼，还保留着一些陆生祖先的原始形态	指间有蹼，还保留着一些陆生祖先的原始形态	初具桨状外形	桨状
运动方式	依靠四足划动推动身体缓慢前行；浅海环境	依靠身体的侧向波动或前肢的对称划动推动身体前进；只能在近岸浅海区活动，不具有远洋生活能力	依靠前肢的划动推动身体前进；只能在近岸浅海区活动，不具有远洋生活能力	可能依靠腹后侧冲力推动身体前进；由近岸向远海拓展	依靠四肢的身体前进，水应远洋
形态示意图					

89

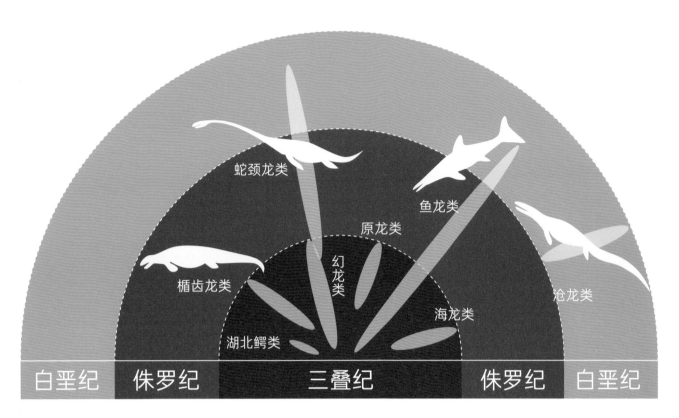

中生代部分海洋爬行动物演化图

(图片来源于《海怪寻踪》一书，赵丽君、李淳著)

四　新生代海洋爬行动物家族

生物的灭绝与新生是演化中的自然现象，几乎每时每刻都在发生。在距今2亿年前的第四次大灭绝事件及距今6600万年前的第五次大灭绝事件中，所有的"海怪"成员相继灭绝。至此之后，新生代的生物面貌为之一变，广阔的海洋也迎来了新的主人。现代海洋中的爬行动物主要有4类，分别为海龟、海蛇、海鳄及海鬣蜥，它们与前文介绍的中生代海生爬行动物并没有直接的亲缘关系，是由不同陆生动物演化而来，属于不同的演化支系。

（一）海龟

为了抵御捕食者的攻击或者减少体内水分的蒸发，很多动物采取了一个相同的策略——身披鳞甲，如人们熟悉的鱼类、蛇类。还有一些类型，它们的鳞甲紧密结合，形成坚固的甲壳，如现代的龟类和犰狳。厚厚的甲壳可以帮助它们抵挡捕食者的攻击，就如同中生代的楯齿龙类一样。

全世界共有约7种海龟类型，它们躯体较大，主要以鱼类、甲壳动物和软体动物为食，包括棱皮龟（棱皮龟科），绿海龟、蠵（xī）龟、玳瑁、丽龟、平背海龟及橄榄绿鳞龟（海龟科），其中前5种海龟在我国沿海有分布。与陆生龟不同，海龟不能将头及四肢缩进壳内。它们的四肢，尤其是较大的前肢进化成适于游泳的鳍状肢。尽管可以在水下呆几个小时，但还是要浮上海面调节体温和呼吸。

海龟常年生活在大海中，但在繁殖季节，雌性海龟就要回到海岸产卵。小海龟在沙滩上自然孵化然后会爬回大海，在海里生活二三十年才会发育成熟，之后它们便又成群返回自己的出生地进行下一代的繁殖。不管路途多么遥远和艰难，它们都会回到自己的故乡进行产卵。

以多取胜及性别决定

自然界中充满了危险，存在自然孵化率不高和幼体夭折率较高等很多不利因素，爬行动物一般会采取"以多取胜"的生存策略。比如海龟类，每个繁殖季节可以连续上岸产卵好几窝，而且每窝卵数可达 100 枚以上。

像很多爬行动物一样，海龟的性别是由孵化时温度的高低来决定的。28℃ ~30℃是海龟的正常孵化温度，当温度偏高时，小海龟全部孵化为雌性；温度偏低时，则是雄性。

棱皮龟（*Dermochelys coriacea*）　1

龟鳖目棱皮龟科，世界上体型最大的海龟。头部、四肢和躯体都覆以平滑的革质皮肤，背甲的骨质壳由数百个不整齐的多边形小骨板镶嵌而成，其中最大的骨板具 7 条规则的纵行棱起。嘴呈勾状，四肢呈桨状，无爪。背面为暗色或黑色，腹面为灰白色。主要分布在热带和亚热带温暖水域，以鱼、虾、甲壳类、软体动物和藻类等为食。国家一级重点保护动物。

棱皮龟标本

绿海龟（*Chelonia mydas*）

　　龟鳖目海龟科，大型海龟。头较大，略呈三角形，暗褐色，两颊黄色。背腹扁平，腹甲黄色，背甲椭圆形，茶褐色或暗绿色，上有黄斑。四肢特化成鳍状的桡足，前肢浅褐色，后肢颜色较前肢略深。生活在珊瑚礁、大陆架或是长满褐藻的浅滩，主要以鱼、虾、甲壳类、软体动物和大叶藻等为食。国家一级重点保护动物。

绿海龟标本

（二）海蛇

蛇类四足退化，视力也很差，有些甚至全盲，但这并没有使蛇成为弱者。蛇类演化出了毒液以确保攻击的有效性，几乎所有海蛇都具有毒性，甚至是剧毒，它们一般具有斑驳的色彩，也许是对其他潜在捕食者的警告。

全世界共有海蛇50多种，我国有约19种。它们身体侧扁，尾部呈桨状，适于游泳，常隐藏在漂浮的碎片下，以鱼类为食。除极少数海蛇产卵外，其余均产仔，繁殖方式是卵胎生。

2亿多年前，当第一批爬行动物下海时，它们演化出了卵胎生的生殖方式。亿万年后，现代的海蛇也选择了相同的道路，这也许说明卵胎生对海生爬行类是一种极为有利的生存策略。

演化是没有方向的，但是在相似的环境下，不同生物也许会走上相同的演化之路，这就是"趋同演化"。借此我们也可以试想，也许中生代某些海生爬行类也像海蛇一样拥有毒液？只是毒液很难保存为化石所以还未被人们发现？随着科学技术的发展，相信以后我们能够挖掘出化石中更多的秘密。

平颏海蛇（*Hydrophis curtus*）　

　　有鳞目眼镜蛇科，有毒、具前沟牙。头大，躯体粗壮，前后粗细差别不明显，尾侧扁如桨。体鳞呈六角形或近方形，镶嵌排列，腹鳞小，前部清晰可辨，后部消失。头背面黄橄榄色至深橄榄色，身体背部黄橄榄色，腹面浅黄白色。中国沿海有分布，以鱼、海洋无脊椎动物为食。国家二级重点保护动物。

平颏海蛇标本

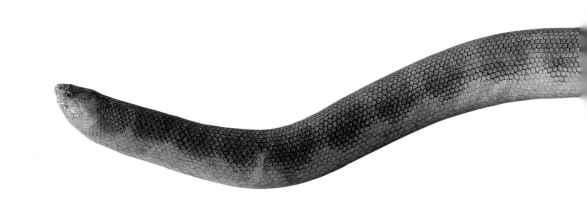

棘鳞海蛇标本

棘鳞海蛇（*Hydrophis stokesii*）

　　有鳞目眼镜蛇科，有毒、具前沟牙。头大，躯体粗短，最粗部径粗约为颈部的一倍。腹鳞除前部少数外，均纵分为两长形、末端尖出的鳞片。头部深橄榄色至浅黄色，躯尾浅黄色或黑褐色，有较完整的黑色或暗褐色宽横斑。中国台湾海峡有分布，以海洋无脊椎动物为食。国家二级重点保护动物。

鳄鱼是一类以淡水生活为主的大型爬行动物，从生活环境上划分，主要有淡水鳄和咸水鳄两大类。现存的 23 种鳄鱼多数为淡水鳄，只有 1 种为咸水鳄，也叫湾鳄，主要分布在东南亚、南亚以及澳大利亚部分地区。

在生物演化的进程中，体型巨大往往具有明显的生存优势，如中生代的恐龙和现代海洋中的鲸类，都凭借巨大的体型占据食物链的顶端。湾鳄也属于这一类生物。成年湾鳄一般可以长到 4 米长，最大的甚至可以超过 7 米，是现存体型最大的爬行动物。作为现今仅存的咸水鳄鱼，湾鳄已经演化出一套适应高盐度环境的生理结构，比如它们的皮肤打褶，可以防止海水灌入耳部。

湾鳄大部分时间生活在咸水区，每到繁殖季节会返回淡水水域交配产卵，幼鳄在淡水中破壳、长大。

湾鳄（*Crocodylus porosus*）　1

鳄目鳄科，大型鳄类。吻端圆钝，口大，颈部前端略膨大。四肢粗健，后肢较长。尾巴侧扁，尾部长度大于头部及躯干总长度。背面深橄榄色或棕色，腹面苍白。主要分布在热带和亚热带区域，通常以鱼、蛙为食，也吃小鳄、龟、鳖等。

为什么现在海洋中爬行动物的体型比中生代的小很多？

虽然湾鳄已经是现存最大的爬行动物，但是跟中生代的爬行动物相比，它们的体型就相形见绌了。爬行动物的特点之一是"终生生长"，只要环境适宜，食物充足，它们就能发育出巨大的体型。在中生代时期，地球气候整体比现在温暖，当时环境非常有利于植物生长。这样通过食物链传导，处于海洋霸主地位的爬行类食物充足，因而获得了增大体型的机会。而在现今海洋中，大型鱼类、海洋哺乳类都占据着海洋中大量的生态位，所以留给海洋爬行类的机会变少了很多，因此现在的海洋爬行类大多体型中等，种类也比中生代的少很多。

湾鳄标本

海鬣蜥是鬣蜥家族中唯一能适应海洋生活的成员，生活在科隆群岛。它们身体多呈灰黑色，爬行速度非常慢，但是在水中却可以畅快游动。它们主要的食物来源是海藻及海草，也吃一些昆虫、小型蛙类及蟾蜍等。海鬣蜥的爪子呈钩状，十分锋利，可以牢牢抓住岩石，避免被大浪卷走。尾巴侧扁，游动时主要凭借强壮尾巴的摆动推动身体前进。

海水中的含盐量非常高，一般的动物进入海中，会因为摄入过多的盐分导致死亡，但是海鬣蜥不同，它们具有一种特殊的腺体连接在鼻孔上，这样就可以通过打喷嚏的方式将体内多余的盐分喷出，这也使得它们的头顶常常戴着白色的"盐帽"。

如同海龟、海鳄一样，海鬣蜥也是在陆地上产卵。每年1~4月，海鬣蜥就会在海滩沙地上挖掘一个个30~80厘米的坑洞进行产卵。一般要经过4个月才能孵化出小海鬣蜥。

海鬣蜥图片

表 3　现生海洋爬行动物习性对比

名称	牙齿	四肢形态	运动方式	游泳能力	繁殖方式
海龟	退化	桨状	前肢划动制造前进动力，后肢掌握方向	可远洋航行	卵生
海蛇	锥状	退化	靠尾部摆动制造前进动力	可远洋航行	多为卵胎生
海鳄	锥状	爪状，指（趾）间有蹼	靠尾部摆动制造前进动力	可远洋航行	卵生
海鬣蜥	锥状	爪状，指（趾）间有蹼	靠尾部摆动制造前进动力	可远洋航行	卵生

结　语

　　2亿多年前形形色色的爬行动物开始了探索海洋之旅，它们在海洋中生存、繁盛，又衰落、灭绝。沧海桑田，如今又有新一批的先行者在不断开拓，向海而生，如爬行类中的海龟、鸟类中的企鹅和哺乳类中的鲸豚。

　　无论在时间还是空间尺度，向海的旅程都漫长遥远，极具困难与挑战。没有一个物种会永远存在，但充满智慧的生存策略一直在适应环境的过程中不断产生与更迭，这就是生命演化的魅力。

重返海洋的爬行动物——蛇颈龙

文 / 深圳博物馆 韩蒙

作为"尼斯湖水怪"的原型，蛇颈龙一直受到世人的关注。蛇颈龙是中生代海洋中的顶级捕食者，它们脖子长，尾巴短，四肢鳍状，躯体庞大，通常能长到 10 米以上，曾称霸海洋 1 亿多年。本文基于深圳博物馆藏的一件较为完整的晚白垩世蛇颈龙化石标本，浅要探讨了蛇颈龙这一类群的身体结构，分析了它们的运动、捕食及繁殖方面的生活习性，并介绍了它们的灭绝过程。

海怪寻踪

大海浩瀚而深邃，充满未知；海洋生物独特而神秘，引人遐想。在深不可测的海底，是否还有"巨兽"在沉睡？不管是中国的《山海经》还是西方的《世界志》，自古以来，各国都流传着关于海洋怪物的传说，人们常津津乐道于它们巨大的体型或怪异的形状。著名的"尼斯湖水怪"的传闻就一直流传于苏格兰地区，今天被认为是各种误解和恶作剧，但它也有着科学原型，这就是尼斯湖畔侏罗纪地层中埋藏着的蛇颈龙化石。

蛇颈龙在 2 亿多年前的三叠纪晚期开始出现，到侏罗纪已遍布世界各地，称霸海洋，在 6600 万年前的白垩纪末期与恐龙同时期灭绝。作为中生代海生爬行动物的重要成员，蛇颈龙类动物的化石遍布于世界各地，大多保存在海相沉积层中，在一些非海相沉积层中也偶有发现。我国也有关于此类标本的报道，但是保存状况不好，标本较为破碎，且仅有两件，来自于四川盆地的淡水沉积层中。本文以深圳博物馆藏的一件产自摩洛哥的较为完整的海洋沉积的蛇颈龙标本为例，浅要探讨该类群的身体结构、运动、捕食及繁殖等生活习性。

系统分类

超目 鳍龙超目

Sauropterygia Owen, 1860

目 蛇颈龙目

Plesiosauria de Blainville, 1835

科 薄片龙科

Elasmosauridae Cope, 1869

　属 南泳龙属

　Libonectes Carpenter, 1997

　　种 摩根南泳龙

　　Libonectes morgani (Welles, 1949)

　　Carpenter, 1999

产地层位 摩洛哥古勒米迈

地质时代 白垩纪晚期

保存地 深圳博物馆

特征描述　摩根南泳龙的外形像一条蛇穿过一个乌龟壳，其头小颈长，躯干像乌龟，尾巴短。蛇颈龙素以长脖子而著名，摩根南泳龙所在的薄片龙科更是拥有着所有已知脊椎动物中最多的颈椎数量，可超过 70 节。但也不是所有的蛇颈龙都拥有长长的脖子，根据脖子的相对长度，可将蛇颈龙分为长颈型和短颈型两类。长颈型蛇颈龙身体宽大，四肢就像大型船桨一样；短颈型蛇颈龙脖子相对较短，头骨较大，身体十分健硕，四肢强健有力。

比较与讨论　在中生代海洋中，还有一种生物同样具有长长的脖子，那就是海生原龙类（如长颈龙及恐头龙），但它们的长脖子与蛇颈龙有很大差别。中生代的海生爬行动物一般通过两种方式演化出超长的颈部。第一种方式见于蛇颈龙类，它们每节颈椎都很短，但数目非常多，可超过 70 节。第二种方式就见于海生原龙类，它们颈椎的数目相对很少（长颈龙约 12 节，恐头龙约 30 节），但颈椎和颈肋的长度很长。这两种长颈结构迥异，但可能都是僵直的，无法灵活运动，需通过海水浮力来帮助其支撑超长的颈部。

其实除了在海洋中，在陆地上也生存着很多长脖子的生物，如中生代的马门溪龙、腕龙、梁龙等恐龙及现代的长颈鹿。它们都拥有长长的脖子，这可以让它们在不移动身体的前提下，只要摇摇头就能吃到大范围内的植物，节省大量体力。

为什么这些生物都会演化出长长的脖子呢？其实演化是没有方向的，只是在基因突变中产生了长脖子的变异，而这种变异恰好有助于这类生物的生存，那么在自然选择的作用下这种性状就会被保留下来。经过数代遗传，这些适于环境的性状不断得到累积并加强，生物就在这个过程中不断"优化"自己，从而具备了更强的生存能力。相反，不利的变异就不会被保留，但基因突变仍

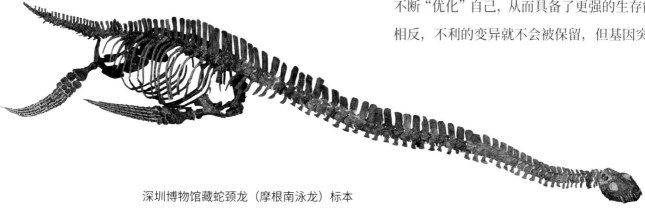

深圳博物馆藏蛇颈龙（摩根南泳龙）标本

107

旧会发生。

生活习性

（一）运动

深圳博物馆藏摩根南泳龙
右前肢（左图）和右后肢（右图）

大多数水生脊椎动物都选择用尾巴作为推动身体前进的器官，因为尾巴位于身体正中轴心的最后部，这种布局可以用最小的能耗产生最强的推进力，如：鱼、鱼龙、沧龙等动物左右摆尾；鲸豚上下拍打尾部。然而蛇颈龙选择了不同的策略，它们主要靠桨状鳍肢的划动来提供前进动力。

至于具体的运动模式，通过研究蛇颈龙完整骨架及建立其数字动画模型，研究人员认为：蛇颈龙的前鳍肢主要向下方和后方击打，这种模式与企鹅利用前肢拍打水面类似；而其后肢更倾向于向后方水平运动或向后抬高，主要用于转向和稳定。这样蛇颈龙两对鳍肢在不同的位面运动，推动不同的水流，能产生更大推力，就像在水下飞行。这种同时运用四个鳍肢运动的能力赋予了蛇颈龙极大的加速度和速度。而且在近期发现的蛇颈龙类化石中，科学家也发现了菱形的水平尾鳍，推测它们的尾巴可能也会上下起伏，作为辅助动力。

另外，科学家一直认为蛇颈龙的长脖子会给它们的游泳增加额外阻力，但最近一项新的研究发现，蛇颈龙巨大的身躯有助于其克服极端形态产生的额外阻力，以帮助它们更好地游泳。

（二）捕食

通过摩根南泳龙的头骨标本可以看到，它们具有圆锥状的牙齿。古生物学家由此推测蛇颈龙类主要以鱼类为食。古生物学家还在蛇颈龙标本的腹部发现了菊石和双壳纲软体动物的化石，据此推断蛇颈龙的"食谱"中也包括这些带硬壳的生物。后来又在蛇颈龙的胃部发现了许多胃石，推测蛇颈龙因为牙齿较细，可能无法咀嚼具有厚厚硬壳的动物，需要靠胃石来研碎它们。但也有观点认为，蛇颈龙的胃石只是用来帮助调节浮力。

蛇颈龙的食谱我们已经了解了，那它们的捕食方式又是怎样的呢？最初，古生物学家认为蛇颈龙的长脖子能够像蛇那样灵活弯曲，帮助其快速捕食猎物，但随着研究的深入，大家发现它们的颈椎骨很紧密地连接在一起，这导致其长脖子相当不灵活。那么这个长脖子有什么作用呢？目前研究者主要有两种观点：一是减少惊扰猎物，趁着鱼类、乌贼等动物将注意力集中在它宽阔的身体上时，用长长的脖子将脑袋伸到鱼群之中大开杀戒；二是利用长脖子翻搅泥沙寻找贝类。

（三）繁殖

繁殖是生物的基本特征，物种的一切生物学适应性特征和行为最终都是为了繁衍后代。现生脊椎动物的生殖方式主要分为两类：卵生和胎生。大部分爬行动物属于前者，但也有例外，如现生的海蛇就是直接产出幼体，给人一种"胎生"的感觉。其实海蛇也是产卵（羊膜卵）的，只不过它们的卵不是产到体外，而是在体内孵化，孵化过程所需营养主要来自卵自身的卵黄而很少依靠母体，我们称之为"卵胎生"。

中生代海生爬行动物的大部分成员都已经无法返回陆地产卵，但它们的卵也不能产在水中，因为这样无法与外界进行气体交换，并且会被水压挤破，于是很多海生爬行动物演化出了"卵胎生"的繁殖方式，这具有优化胚胎发育环境的作用，是它们对特定生存环境的一种适应方式。科学家在贵州龙、鱼龙等化石标本中都已经发现了卵胎生的证据。那么同样来自中生代的蛇颈龙是否也是卵胎生动物呢？

科学家分析了 1987 年发现于美国堪萨斯州

深圳博物馆藏摩根南泳龙头骨

的蛇颈龙化石，认为这是一具怀着尚未出生幼儿的雌性蛇颈龙骨架。这块化石体长超过4.6米，生活在距今7800万至7200万年前的白垩纪时期，其腹中另有一具蛇颈龙骨架，体长近1.5米长，骨骼相对完整，不太可能是被大蛇颈龙吃下肚子的，应该是幼仔化石。这表明蛇颈龙也像贵州龙和鱼龙一样，应该能直接生出幼仔，为卵胎生的生殖方式。而且科学家们推测，它们并非像其他中生代卵胎生的海洋爬行动物那样产下较多较小的幼仔，而是生育单个大体型后裔。

无论是在身体结构还是生活模式上，蛇颈龙类动物都显示出了对海洋生活的高度适应性。它们鳍状的四肢、长长的脖子、尖利的牙齿以及卵胎生的生殖方式等，使它们称霸中生代海洋1亿多年。但是，最适应环境的物种在环境发生改变时也最容易受到影响，越特化的生物往往越容易灭绝。在6600万年前的第五次生物大灭绝事件中，蛇颈龙类动物没能逃过白垩纪末期的考验，与非鸟类恐龙一起走向灭绝。人们潜意识里总是希望这些海怪如今仍旧隐藏在海洋中的某个角落，但科学界普遍认为这种猜测是不正确的，这些中生代海怪的生命早已终结，它们的传奇已沉淀在层层叠叠的岩石里。

蛇颈龙类动物虽然灭绝了，但是在此之后，不断还有新的物种从陆地返回海洋生活，如现代的海龟、海蛇以及鲸豚等等。海洋中丰富的食物资源以及广阔的生态位给了它们充足的发挥空间。生命周而复始，生生不息。没有一个物种会永远存在，但永远会有新的物种取而代之。这就是生命演化的魅力。

参考文献

[1] 董枝明, 1980. 四川盆地一新蛇颈龙. 古脊椎动物与古人类, 18(3): 191-197.

[2] 董枝明, 1985. 四川盆地蛇颈龙一新属. 古脊椎动物学报, 23(3): 235-240.

[3] Gutarra S, Stubbs T L, Moon B C, Palmer C, Benton M J, 2022. Large size in aquatic tetrapods compensates for high drag caused by extreme body proportions. *Communications Biology*, 5: 380.

[4] O'Keefe F R, Chiappe L M, 2011. Viviparity and k-selected life history in a Mesozoic marine Plesiosaur (Reptilia, Sauropterygia). *Science*, 333(6044): 870-873.

注: 本文原载于《生物进化》2022 年第 4 期。

应用数字化技术
提升古生物展览的传播效果
——以"向海之旅——重返海洋的爬行动物"展览为例

文 / 深圳博物馆 韩 蒙

【摘要】：古生物化石标本大多为平面保存，古生物类展览也多是以"物"为主的静态橱窗式陈列。随着新媒体的繁荣发展，传统的单向、静态、直线性的传播方式已经不再能满足观众对博物馆的需求。以"向海之旅——重返海洋的爬行动物"展览中使用的增强现实技术，探讨了数字技术在提升展览传播效果方面的作用，提出博物馆需要利用更多元化的手段进行文化传播的议题。

【关键词】：数字化技术；增强现实；古生物展览；展览传播

古生物学是一个古老的学科，它所研究的生物可能已经灭绝了几千万年甚至几亿年。这些生物距离我们人类的生活非常遥远，所以在观看这些古生物化石时，观众可能很难产生共鸣。再加上化石标本保存的不完整性，且大多为平面保存，观众在参观时很难窥探生物的全貌，这就更增加了人们理解古生物化石的困难。在传统的古生物类展览中，虽然一般会将生物的复原图同时展示，但这仍然是一种单向、静态、说教式的传播，无法满足观众深入了解展品的需求，观众也很难与博物馆进行信息交互。

随着经济的发展，我们已然处于一个信息全球化的时代，人们接收信息的方式越来越多元化。在这样的环境下，博物馆传统的传播模式正面临着极大挑战[1]。有些博物馆虽然可看的展品很多，但是能真正展示给观众的信息量却很少。

所以越来越多的博物馆正在数字化技术上寻求突破。数字化技术简单来说，就是利用现代技术将实物转化为数字信号，再借助电脑、手机等设备把数字信号转化为能够被人们的感官所识别的技术[2]。如果能将虚拟现实（Virtual Reality，缩写 VR）、增强现实（Augmented Reality，缩写 AR）等数字技术应用于博物馆的展览和导览，这会极大丰富观众的感官体验，增加博物馆的趣味性，提升博物馆的传播效果[3]。

　　文章以深圳博物馆"向海之旅——重返海洋的爬行动物"古生物专题展览为例，介绍了针对展览的重点展品"蛇颈龙"开发的配套 AR 项目。AR 技术是指将计算机生成的虚拟数字信息在真实的环境中进行呈现，使观众可以在真实的环境中同时感知虚拟的数字信息[4]，这能有效增强展览传递展品信息的功能，提升传播效率[5]，丰富观者的体验，为观者带来全新的互动模式。

一、展览概况

　　"向海之旅——重返海洋的爬行动物"是一个以生命演化为主题的展览，通过 100 余件珍贵的古生物和现代海洋爬行动物标本，讲述了爬行动物由陆地重新返回海洋的重大演化事件。展览中最具代表性的展品是一具保存非常完整的蛇颈龙骨架化石。

　　因为是最重量级的标本，所以展览利用了很大篇幅向观众介绍蛇颈龙的身体结构、运动及捕食等习性：蛇颈龙在 2 亿多年前的三叠纪晚期开始出现，其脖子长，尾巴短，躯体庞大，通常能长到 10 米以上，四肢已经完全演化为桨状（也称鳍状）。比起它们的直系祖先纯信龙类，蛇颈龙类具有更强的游泳能力，生活空间也由近岸扩展到广海。到侏罗纪蛇颈龙已遍布世界各地，称霸海洋，在白垩纪末期与恐龙同时期灭绝。

　　运动：通过对蛇颈龙完整骨架的深入研究及数字动画模型的建立，研究人员认为，蛇颈龙的前鳍肢主要向下方和后方推进，这种模式与企鹅利用前肢拍打水面类似；而后肢更倾向于向后方水平运动或向后抬高，主要用于转向和稳定。这样蛇颈龙两对鳍肢在不同的位面运动，推动不同的水流，能产生更大推力，就像在"水下飞行"。这种同时运用四个鳍肢运动的能力赋予了蛇颈龙极大的加速度和速度，成为它们适应海洋生活长达 1.6 亿年的一大因素。

　　捕食：最初古生物学家认为蛇颈龙的长脖子能够像蛇那样灵活弯曲，帮助其快速捕食。但随着研究的深入，大家发现它们的颈椎骨紧密连接在一起，这导致其长脖子相当不灵活。那么这个长脖子有什么作用呢？目前研究者主要有两种观点，一是减少惊扰猎物，当鱼类、乌贼等动物将注意力集中在蛇颈龙宽阔的身体上时，其长脖子早就将脑袋伸到鱼群之中大开杀戒；二是蛇颈龙的长脖子可能是便于翻搅泥沙寻找贝类。

以上就是展览中对蛇颈龙标本的文字介绍，这种介绍虽然已经很全面，但观众阅读后可能仍然很难理解"水下飞行"是怎样的姿态？蛇颈龙的游泳能力到底有多强？它的长脖子具体是如何帮助它捕食的？等等。不管图文版对相关内容解读得多详细，这仍然只是一种单向直线性的教育，缺乏受众与展品的对话，缺乏信息交互。尤其是面对与人类有几千万年时间距离的古生物标本，观众可能就更难从字面意义进行理解，所以这种单向的传播方式很难实现既定的传播目标。基于此，策展团队想到利用数字技术将蛇颈龙标本"复活"，让蛇颈龙"开口说话"，自己讲述自己的故事，使观众可以与亿万年前的标本进行"对话"，从而拉近彼此的距离。

二、数字技术的选择

如今虚拟现实、增强现实、三维模型等新的数字技术已成为博物馆的应用热点，但是数字技术的多样性也给博物馆人员带来了选择困难。曲云鹏等对世界知名博物馆、展览馆和设计公司使用的线上线下数字展示技术进行了调研与归纳，对十类数字技术在传播效果、是否使用广泛、所需空间成本、经济成本等方面进行了分析，最后给出了推荐等级，其中360°虚拟场馆、室内三维模型及增强现实技术为"推荐使用"，三维展厅、混合现实、行为感知、虚拟现实及多点触摸墙为"根据需求和预算使用"，机器人远程参观、室外展品三维模型为"谨慎使用"[6]。

"根据需求和预算使用"和"谨慎使用"的暂不考虑，对于"推荐使用"的三个项目，其中360°虚拟展厅是深圳博物馆每一个专题展览都会配套的，这可以使受众足不出户也能参观博物馆。另外，因为此次的目标展品已经是三维保存的立体骨架化石，所以针对标本再做三维模型意义不大。

基于必须静态展示的蛇颈龙标本无法更好地向观众传达蛇颈龙生活时游泳及捕食等特征，最后策展人员选择了使用增强现实技术（AR）来弥补传统展示方法的不足。李绚丽也提出，AR技术适合的使用对象是在现实世界中动态，但在博物馆中只能以静态方式陈列的展品，如古生物化石[7]。

三、增强现实技术

AR 技术由 VR 技术发展而来，是指利用计算机产生的虚拟信号对真实世界的景象进行加强，观众可以通过特定设备，如 AR 眼镜或移动手机等，扫描展品或某种特定符号，设备屏幕就可以以动画等方式来展示相应的展品内容，这样体验者既可以看到真实世界的环境，又可以同时感知虚拟的数字信息，从而完成虚拟与现实图像的交融[8]。

（一）平台构建

预先采集展厅的目标展品及其周围区域的图像信息，上传云端。当用户佩戴 AR 眼镜观看展品，或使用手机等移动端扫描展品（或扫描特定二维码）时，设备平台就可以自动识别云端储存的匹配场景，然后将与展品相关的视频、音频等虚拟数字信息显示在屏幕上。这样 AR 眼镜或者手机移动端屏幕上既显示了设备摄像头下的真实场景，又显示了虚拟的数字信息，做到虚拟画面中的场景信息与真实场景在同一画面中呈现，使观众获得超越现实场景的体验与感知[9]。

（二）开发方向

不管在什么时期，博物馆进行教育传播都应当立足于自身的"物"[10]。中国科技馆研究员朱幼文曾提出科技博物馆最需要的 VR/AR 产品是：基于展览资源的 VR/AR 产品，实现"基于实物的体验式学习"和"基于实践的探究式学习"的 VR/AR 产品[11]。所以一个 AR 内容的开发应以"物"为核心，以"展览"为核心，避免"有技术无内容"的情况，不要"为了用 AR 而用 AR"。

本次要开发的目标展品蛇颈龙化石是展览第

表 1　深圳博物馆"向海之旅"展览
第二单元第一部分内容

第二单元 称霸海洋	
2.1 鳍龙类	肿肋龙类
	幻龙类
	纯信龙类
	蛇颈龙类

在以肿肋龙—幻龙—纯信龙—蛇颈龙为代表的各个演化阶段，始鳍龙类的体形逐渐趋于庞大，脖子越来越长，尾巴越来越短，四肢也从原始的五指（趾）形演变为鳍状肢，这使得后期的蛇颈龙具有强大的游泳能力，再加上"卵胎生"这样更为适应环境的生殖方式，使得蛇颈龙繁盛于海洋亿万年之久。

二单元第一部分鳍龙类的最后一件展品，其展示传播目标除了让观众了解蛇颈龙标本本身的分类、生理、生态等科学信息，更多的是要对前面所介绍的其他几种鳍龙类进行对比与总结，探讨它们之间的演化关系（表 1）。由此在与蛇颈龙相关的众多知识点中，梳理确定了 AR 项目的开发方向为：蛇颈龙游泳、捕食方式等习性的介绍，各类群体型、游泳能力的对比，以及它们间的演化关系介绍。

（三）脚本方案

在确定了开发方向后，策展团队希望能以专题展览内容为核心，使用三维动画效果，让展厅里的蛇颈龙骨架回溯时光，还原为蛇颈龙原本的形象，同时搭建还原蛇颈龙生活的海洋场景，让观众通过穿戴设备或移动终端在展厅现场身临其境看到数亿年前海洋霸主蛇颈龙的运动、捕食等生活场景，同时介绍蛇颈龙与鳍龙类中其他生物的亲缘演化关系，让其承载的地质历史故事及科普知识通过"超媒体"的方式进行呈现，让文物真正的"活"起来，"动"起来，自己诉说背后的故事。

脚本内容示例：人类你好，我是这条蛇颈龙，学名是"摩根南泳龙"，你们可以叫我小摩根。

我们是与恐龙生活在同时代的爬行动物，但我们并不是恐龙。我们与恐龙的远古祖先都是从海洋来到陆地，但因为陆地竞争太过激烈，我的祖先决定重回海洋，寻找更好的未来。虽然海洋有着广阔的天地，但捕食者之间的斗争从未停止，为了不被淘汰，我们家族的祖先们各显神通，纷纷演化出各项"技能"。这是我的祖先纯信龙类，我们俩是不是很像？不过我的老祖宗身体不太协调，游泳能力跟我们真正的蛇颈龙相比差多了！

于是，到了我们这一代，四肢进一步演化为完全的桨状鳍，身体更加协调，游泳能力大大加强，活动空间也更为广泛。我的两对鳍肢可以在不同的位面运动，推动不同的水流，这样能产生更大推力，就像在水下飞行。游泳速度的提高使我们能够更快速的捕捉到猎物，除此之外，我的长脖子也提供了很大作用。不过与你想的可能不同，我脖子颈椎之间连接得很紧密，所以非常不灵活，但它依旧是我捕食的好帮手。就像现在，这群刺箭乌贼与宽鳞鱼，想避开我庞大的身体，却没发现我的脑袋早已在前方大开杀戒。再比如这些藏在泥沙中的菊石，我只要动动脖子，就能轻松找到。作为中生代的海中一霸，刚刚的食物只不过是我的开胃小菜，双猎鱼、中鲨、剑鼻鱼等等，都在我的食谱上。当然我们并不是没有竞争对手，隔壁的鱼龙演化得更像鱼，它们的大眼睛也比我敏锐很多，经常抢走我嘴边的食物。虽曾称霸海洋达1亿多年，但我们最终还是与远亲恐龙一起灭绝在白垩纪末期。虽然我们早已远去，但我们留下过痕迹。谢谢你来听我的故事。再见，人类。

（四）项目展示形式

1. 眼镜体验。观众佩戴AR眼镜对准文物，就能瞬间看到"复活"的蛇颈龙和它的生活场景。若摄像头自动识别出现问题，观众还可通过语音指令控制AR眼镜播放相应画面（图1）。

2. 以智能手机、平板电脑等移动终端为主要媒介，观众可以通过自己的手机采集展品或扫描二维码，移动终端就可以进行匹配播放，提供代入感极强的互动体验（图2）。

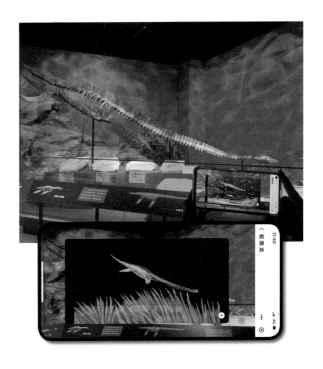

图2　观众使用智能手机观看AR动画

（五）传播效果

展览开展后，该AR体验区异常火爆，策展团队也在展场进行了观众调研，大部分观众表示，通过动画自己加深了对蛇颈龙标本的理解，脑海中能够形成蛇颈龙捕食以及游泳的画面，而不只是停留于对其字面的理解；知道了蛇颈龙比它们的祖先长得更大，游得更快。同时，观众表示非常喜欢这种动画形式，尤其是对于学龄前儿童，动画是一种非常好的传播形式。

图1　观众佩戴眼镜观看AR动画

四、结语

此次 AR 技术的运用将静态的展品通过动态的方式进行展示，让亿万年前的蛇颈龙在屏幕前"活过来"，通过自述的形式讲解自己的习性和演化，拉近了和观众间的距离，提升了用户的观展体验。此外，AR 技术通过展示已灭绝生物的生活场景，将藏在展品背后的信息动态化和真实化，使其成为可观察、交流和体验的对象，大大激发了观众观察事物的好奇与兴趣。这是深圳博物馆首次在古生物展览中使用 AR 数字技术，呈现出博物馆 AR 动画以重点藏品选定、核心内容设定、故事情节构建为主的创作步骤。该次尝试取得了良好的效果，也值得推广给其他相关主题的展览。

虽然现在很多博物馆对数字技术的应用持观望态度，但是不可否认，博物馆的数字化发展已经成为一种必然趋势，开展数字化转型已成为业界共识[12]。将数字化技术与博物馆展览相结合，可以打破人们对传统展示方式的认识，用科技的力量重新诠释展品的前世今生，使展览更加生动且有互动性[13]。但是也要注意，数字化技术能否取得较好的效果，其关键是在于内容的设计，而不仅是强调技术。正确认识数字化技术在博物馆传播中起到的媒介作用，越早找到数字化技术与博物馆传播的契合点，实现公众与博物馆的多向交流和高度互通，也能越早实现"以人为主"的博物馆展示要求。

参考文献

[1] 徐昳昀 . 新媒体时代博物馆传播的多元化需求与对策 [J]. 自然科学博物馆研究，2019(1).

[2] 王霞 . 博物馆展览中数字化技术应用研究 [J]. 中国民族博览，2016(2).

[3] 朱幼文 . 科技博物馆应用 VR/AR 技术的特殊需求与策略 [J]. 科普研究，2017(4).

[4] 丁梦莹 . 浅谈增强现实技术在博物馆展示中的应用 [J]. 汉字文化（教育科研卷），2018(15).

[5] 徐昳昀 . 新媒体时代博物馆传播的多元化需求与对策 [J]. 自然科学博物馆研究，2019(1).

[6] 曲云鹏，任鹏，于文博等 . 博物馆线上线下数字展示技术应用情况研究 [J]. 自然科学博物馆研究，
2019(1).

[7] 李绚丽 . 数字展示技术在博物馆展览中的应用 [J]. 中国博物馆，2015(2).

[8] 何力 . 增强现实技术及其在设计展示中的应用研究 [D]. 湖北：湖北工业大学，2017.

[9] 杨帆 . 打造数字时代"云端博物馆"——"衣冠大成·明代服饰文化展"AR 智慧导览平台构建 [J]. 理
财（收藏版），2021(5).

[10] 徐昳昀 . 新媒体时代博物馆传播的多元化需求与对策 [J]. 自然科学博物馆研究，2019(1).

[11] 朱幼文 . 科技博物馆应用 VR/AR 技术的特殊需求与策略 [J]. 科普研究，2017(4).

[12] 沈业成 . 关于博物馆数字化转型的思考 [J]. 中国博物馆，2022(8).

[13] 姜欣，徐婧淳 . AR 增强现实技术在博物馆展示设计中的应用 [J]. 今古文创，2021(8).

注：本文原载于《策展研究》2022 年第 2 期。